絵でわかる
人工知能

明日使いたくなるキーワード68

三宅陽一郎・森川幸人

SB Creative

目次

掲載キーワードの系統図 ... 4
著者紹介 ... 6

第1章 人工知能ってなんだろう? 7

第2章 社会と歴史の中の人工知能 31

シンギュラリティ ... 32
収穫加速の法則 ... 33
ダートマス会議 ... 34
全脳アーキテクチャ ... 38
自動走行 ... 40
スマートシティ ... 42
社会的脳(ソーシャルブレイン)
 ... 43
人工知能と倫理 ... 45
古典的AI ... 48

第3章 学習・進化する人工知能 51

ディープラーニング ... 52
機械学習 ... 55
教師なし学習の重要性 ... 58
強化学習 ... 58
遺伝的アルゴリズム ... 61
人工生命 ... 64

第4章 人間を超える人工知能 67

IBM Watson(ワトソン) ... 68
AlphaGo ... 70
エキスパートシステム ... 73
探索エンジン ... 75

第5章 人間の脳を真似る人工知能 77

ディープQネットワーク ... 78
ネオコグニトロン ... 81
ミラーニューロン ... 83
ニューラルネットワーク ... 85
パーセプトロン ... 88
ヘップ則 ... 90
シグモイド関数 ... 91

第6章 ビッグデータと予測する人工知能 93

データマイニング ... 94
協調フィルタリング ... 96
検索アルゴリズム ... 99
最良優先探索 ... 101
クラウド上の人工知能 ... 103
スパース・モデリング/
 スパース・コーディング ... 105
マルコフモデル ... 107
隠れマルコフモデル ... 109
ベイズの定理/
 ベイジアンネットワーク ... 110

第7章 ゲームの中の人工知能 113

ゲームAI ... 114
人狼知能 ... 119
完全情報ゲーム/
 不完全情報ゲーム ... 121
ゲーム理論/囚人のジレンマ ... 124
モンテカルロ木探索 ... 126

第8章　人工知能のさまざまなかたち　129

- エージェント指向 130
- 知識指向 131
- 分散人工知能 132
- サブサンプション・アーキテクチャ 134
- マルチエージェント 136

第9章　おしゃべりをする人工知能　139

- 自動会話システム 140
- 人工無能 142
- オントロジー 144
- セマンティック 146
- LDA 148
- 知識表現 150
- 自然言語処理 151

第10章　意思決定する人工知能　153

- 反射型AI／非反射型AI 154
- 意思決定アルゴリズム 155

第11章　生物を模倣する人工知能　163

- ボイド 164
- サイバネティクス 166
- 画像認識 167
- 群知能 169

第12章　人工知能の哲学的問題　171

- 人工知能と自然知能 172
- シンボリズムとコネクショニズム 174
- チューリングテスト 174
- フレーム問題 177
- 心身問題、心脳問題 178
- 強いAI、弱いAI 180
- シンボルグラウンディング問題 180
- 中国語の部屋 182

第13章　人工知能が用いる数学　185

- 最急降下法 186
- 局所解 188
- ファジー理論 188
- カオス 191

終章　人工知能にできること、できないこと　195

索引 206

掲載キーワードの系統図

記号的人工知能

- IBM Watson（4）
- 人狼知能（7）
- LDA（9）
- セマンティック（9）
- 人工無能（9）
- 自動会話システム（9）
- オントロジー（9）
- 探索エンジン（4）
- エキスパートシステム（4）
- 自然言語処理（9）
- 検索アルゴリズム（6）
- 最良優先検索（6）
- 知識指向（8）
- 知識表現（9）

未来

ゲーム

- AlphaGo（4）
- ディープQネットワーク（5）
- 囚人のジレンマ（7)
- 人工生命（3）

脳回路型

- ディープラーニング（3）
- ネオコグニトロン（5）
- ヘッブ則（5）

学習

- ニューラルネットワーク（5）
- パーセプトロン（5）
- 社会的脳（2）
- ミラーニューロン（5）
- シグモイド関数（5）

- シンボルグラウンディング問題（12）
- 全脳アーキテクチャ（2）
- シンボリズムとコネクショニズム（12）
- チューリングテスト（12）
- フレーム問題（12）
- 古典的AI（2）
- ダートマス会議（2）
- 人工知能と自然知能（12）
- 心身問題、心脳問題（12）

人工知能基礎問題群

( )内は解説している章

協調知能

- クラウド上の人工知能 (6)
- マルチエージェント (8)
- エージェント指向 (8)
- 分散人工知能 (8)

- スマートシティ (2)
- 自動走行 (2)

- モンテカルロ木探索 (7)
- 完全情報ゲーム (7)
- ゲーム理論 (7)
- ゲームAI (7)

- 機械学習 (3)
- 強化学習 (3)
- 教師なし学習 (3)

- 強いAI、弱いAI (12)
- 中国語の部屋 (12)
- 人工知能と倫理 (2)
- シンギュラリティ (2)
- 収穫加速の法則 (2)

データ解析

- データマイニング (6)
- ベイズの定理／ベイジアンネットワーク (6)
- 隠れマルコフモデル (6)
- 協調フィルタリング (6)
- スパース・コーディング (6)

数学

- カオス (13)
- 最急降下法 (13)
- 局所解 (13)

意思決定

- 意思決定アルゴリズム (10)
- 反射型AI・非反射型AI (10)
- タスクベース (10)
- ステートベース (10)
- ゴールベース (10)
- シミュレーションベース (10)
- ケースベース (10)
- ビヘイビアベース (10)
- ルールベース (10)
- ユーティリティベース (10)
- サブサンプション・アーキテクチャ (8)
- ファジー理論 (13)

著者紹介

三宅陽一郎（みやけ よういちろう）

　京都大学で数学を専攻、大阪大学（物理学修士）、東京大学工学系研究科博士課程（単位取得満期退学）。デジタルゲームにおける人工知能の開発・研究に従事。国際ゲーム開発者協会（IGDA）日本ゲーム AI 専門部会設立（チェア）、日本デジタルゲーム学会（DiGRA JAPAN理事）、芸術科学会理事、人工知能学会編集委員、CEDEC委員。共著『デジタルゲームの教科書』『デジタルゲームの技術』、翻訳監修『ゲームプログラマのための C++』『C++ のための API デザイン』（SB クリエイティブ）、「はじめてのゲーム AI」（『WEB+DB PRESS』Vol.68、技術評論社）、「ゲーム、人工知能、環世界」（『現代思想』2015年12月号）。最新の論文は「デジタルゲームにおける人工知能技術の応用の現在」（人工知能学会誌 Vol.30, Web で公開）。Facebook グループ「人工知能のための哲学塾」主催。Twitter 上では「ゲーム AI ラウンドテーブル・オン・ツイッター」「ゲームデザイン討論会」を主催している。論文、講演資料はブログを通じて公開している。「y_miyake のゲーム AI 千夜一夜」http://blogAI.igda.jp

Facebook　https://www.facebook.com/youichiro.miyake
Twitter　　https://twitter.com/miyayou

森川幸人（もりかわ ゆきひと）

　グラフィック・クリエイター。1959年岐阜県生まれ。1983年筑波大学芸術専門学群卒業。株式会社ムームー代表取締役。主な仕事は、CG制作、ゲームソフト、スマホアプリ開発。2004年「くまうた」で文化庁メディア芸術祭 審査員推薦賞、2011年「ヌカカの結婚」で第一回ダ・ヴィンチ電子書籍大賞受賞。代表作は、「アインシュタイン」「ウゴウゴ・ルーガ」（テレビ番組CG）、「ジャンピング・フラッシュ」「アストロノーカ」「くまうた」（ゲームソフト）、『マッチ箱の脳』『テロメアの帽子』『ヌカカの結婚』（書籍）、「ヌカカの結婚」「アニマル・レスキュー」「ねこがきた」など（iPhone、androidアプリ）。

第 1 章

人工知能ってなんだろう？

人工知能と自然知能

人工知能って
なんでしょう？

人や動物の知能と
違うのでしょうか？

自然が産み出した知能を、
人工知能に対して
自然知能と言います。

知能を人工知能に写し取る

人工知能は、
生き物（人間、動物）の自然知能を
コンピュータの上に
実現することです。

しかし、
生き物はこの世界で
何億年という時間をかけて
進化した知能です。

それに機械と身体、
コンピュータと脳は
原理が違います。

だから
自然知能をそのまま
人工知能に写すことは
できません。

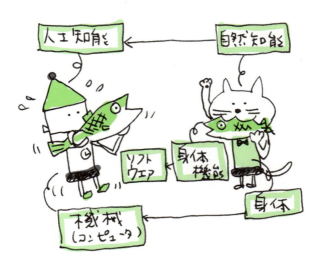

ほとんどの人工知能は
問題特化型知能

ですから、とりあえず、
モデル化、数学化した
それぞれの問題に対して、
人工知能を実現していきます。

これが「問題特化型」の人工知能で、
実は世の中のほとんどの人工知能は
この型に含まれます。

それぞれの人工知能は
問題に張り付いています。
数学的な問題を解けても、
他には何もできません。

これらはまた、
シンボル（記号）操作によって
思考する人工知能です。

第1章 人工知能ってなんだろう？

小さい知能を集めても
全体の知能にはならない

では、
こういう問題を解く知能を
たくさん集めたら
「人間みたいな全体の知能」
になるかと言えば、
そうでもありません。

これが
人工知能の難しいところです。

問題特化型知能は、
環境の中で生きる知能が直面する
さまざまな問題を解く、
知能のほんの一部なのです。

人工知能の創始者のミンスキー博士も
ときどき、
人工知能はきちんと開発されていないと
警告していました。

人間　　　　　　　　　　問題特化型人工知能

脳ってなに？

では、
人間の知能はどうなっているのか？
脳をもっと精密に見てみます。

人間の脳は、その中心で
身体と深く結びついています。

脳の真ん中のほうは身体を制御する知能で、
その周りを
脳の進化した部分が包んでいます。

人間が知能と呼ぶのは、
一番最後にできた
外側の大脳皮質と呼ばれる
高度な思考を司る部分です。

問題を解くのはこの部分です。

第1章 人工知能ってなんだろう？

しかし、身体を管理し、
環境になじませていく知能が、
実は脳の大部分を
占めているのです。

ニューロン

脳の中を見てみると、
たくさんの、
ニューロンと呼ばれる神経細胞が
連携していることがわかりました。

1900年前後のことです。

これを数学的にモデル化したものが、
ニューラルネットワークとか、
その一種のディープラーニングです。

学習機能を持ちます。

第1章 人工知能ってなんだろう？

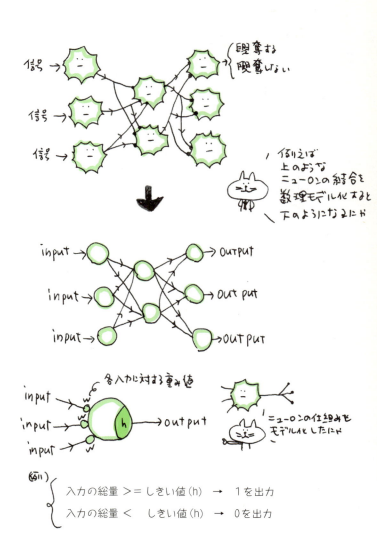

ニューラルネットワーク
＆ディープラーニング

このニューラルネットワークを搭載した
人工知能は、
発展して
ディープラーニングとなりました。

そして、
モデル化が難しい問題も
解くことができるようになりました。

画像データや音声データの分類です。

第1章 人工知能ってなんだろう？

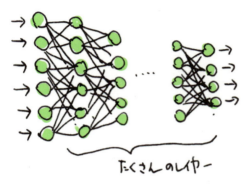

たくさんのレイヤー

ディープラーニングは
とてもたくさんのノードが
（ニューロンと同じ）
たくさんのレイヤーで構成されてる
にゃ

人工知能の2つの種類

人工知能は2種類あります。
記号を使って思考する人工知能と、
ニューラルネットワークを
使って思考する人工知能です。
どちらも学習機能を持ちます。

人工知能には
大きく分けて
2つの種類が
あるにゃ

記号を使って思考するAI　　ニューラルネットワークを
　　　　　　　　　　　　　　使って思考するAI

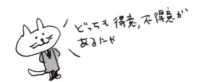

どっちも得意,不得意が
あるにゃ

学習

学習する人工知能を育てるには、「データ」が必要です。データから学習して、賢くなります。1980年代はデータを作るのがたいへんでした。でも今はインターネットがあり、データが溢れています。データの海が人工知能を育むのです。

社会的知能

でも、知能って、
孤独なときだけじゃないんです。

むしろ、みんなといるときこそ、
知能は試されます。

アリストテレスも
「人間は社会的な生き物だ」
ということを言っていました。

ですから
会話したり、お互いのことを理解する知能は、
社会的知能と言って、
人工知能の
もう一つの大きな領域です。

第1章 人工知能ってなんだろう？

現実は手ごわい

でも、これだけ準備しても、
現実世界と立ち向かえる人工知能は
まだできていません。

現実は多様で多面的で、
解釈の方法を一つ作ったからといって
捉えられるものではないのです。

シンボルで理解しようとしても、
ニューラルネットワークで
理解しようとしても、
まるで、うなぎみたいに
するすると、
現実は知能の手を逃れてしまうのです。

第 1 章　人工知能ってなんだろう？

宇宙と知能は同じくらい難しい

知能の探究の旅は、
実は
始まったばかり。

シンギュラリティ
(人間の知能に匹敵する人工知能)も、
しばらくは
限定された問題についてのみ
考えるものです。

人工知能は
一つの問題ができたからと言って、
他の何もかもができるわけでは
ないからです。

第1章 人工知能ってなんだろう?

囲碁でプロ棋士に勝っても、
お料理すらできないのが
人工知能というもの。

がんばろう

まずは、
じっくりと学んで、
自分自身で
人工知能のことを考えていきましょう。

そのために、
この本が助けになります。

第 2 章

社会と歴史の中の人工知能

シンギュラリティ

シンギュラリティ（Singularity）は**技術的特異点**と訳され、これは人間と人工知能の臨界点を示しています。つまり、人間と同等近くになった人工知能がそこから加速度的に進化する時点を指します。そこでは、人工知能は人間を単に追い越すのではなく、人間と融和する形で進化していくかもしれません。シンギュラリティは人工知能が人間を追い越すという単純な点ではないのです。

この言葉は、米国の発明家レイ・カーツァイルの造語ではなく、すでに同様の意味で1980年代から使われていた言葉です。それは機械の進化が、社会か人間にとって何かしら本質的な変革をもたらすという漠然とした予感から生まれた言葉でした。この言葉を、人工知能を中心に据えて、絶妙なタイミングで、より先鋭化させ根拠を突き詰めて自著の中で再定義したのがレイ・カーツァイルです。**人工知能が人間の知能と融合する時点**と定義しています。そのためには、コンピュータの性能が上がり、人工知能が発展し、人間と同等までの知能に至る必要があります。そのとき、人工知能が人間の行為を代替し、人間の知能をアシストし、あるいは人間と協調して、社会は変容します。さらに、人工知能は我々人間の存在のあり方へ深く入り込んでくることになります。そのときには、人工知能と人間はお互いの存在の形を本質的に変えていきます。そんな質的変化をもたらす時点のことをシンギュラリティと言います。

ですから、この言葉は学術用語とは言い難いですが、すでに世界規模で社会に浸透しており、現在では学界・一般社会を問わず、至るところで使われています。2010年代の時代の空気を示す最も適切な言葉かもしれません。

第2章 社会と歴史の中の人工知能

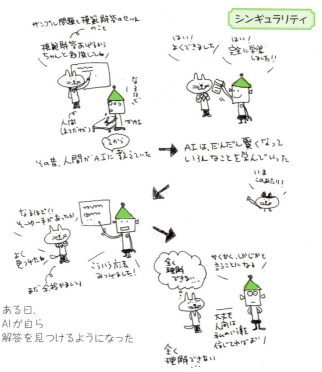

ある日、
AIが自ら
解答を見つけるようになった

ついには、人間のほうがAIの考えに
ついていけなくなった

収穫加速の法則

技術の進化の速度は、それまでに積み重ねられた技術に依存すると考えられます。つまり、新しい技術は、それまでの技術によって効率的に開発されると考えられます。すると、技術は蓄積され、蓄積がさらに技術の進化を速くするばかりですから、技術

は加速度的に進化することになります。これを**収穫加速の法則**と言います。特にレイ・カーツァイルはこの速度が指数関数的に増加すると説きました。

　人工知能もまたこの法則に従うとすれば、人工知能は加速度的に進化することになります。また、特に人工知能の場合、それまでに蓄積された人工知能が人工知能を進化させることになりますので、それはあたかも、人間の手を離れた人工知能たちが、自律的な進化を遂げるように見えるわけです。これは単なる技術進化とは違う特徴を持つはずです。それがある人には希望に見える一方で、ある人には不安を与えます。人間は人工知能の進化によってどうなってしまうのだろう。これが**シンギュラリティ**（P.32）の概念へと繋がっていきます。

　なお、この用語は経済学における「効用逓減の法則」と対比して作られています。

ダートマス会議

　1956年の夏にアメリカのダートマス大学で開催された**ダートマス会議**は、歴史的に人工知能の源流として位置付けられています。**人工知能**（Artificial Intelligence、AI）という言葉もここで始めて提案されました。もちろん、人工知能の研究自体はこれに先立って行われており、その研究の流れを一つの場所に集めて束にしたところにダートマス会議の意義があります。これは、この分野が起ち上がろうとする機運を捉えて開催された歴史的な会議なのです。ただ、会議といっても、10人の研究者が2カ月にわたって順番に研究成果を共有するというものでした。ここで、ダートマス会議の案内の文書の一部を紹介しましょう。

第2章　社会と歴史の中の人工知能

生命現象から生物の進化、
コンピュータの進化まで、
あらゆるレベルで、
同じ法則があるという主張

我々はニューハンプシャー州ハノーバーのダートマスカレッジで2カ月にわたり、人工知能に関する10の研究会を実施する予定である。これからの研究は、学習をはじめ知能の持つあらゆる特徴は原理的に機械のシミュレーションによって

正確に実現される、という考えのもとに展開されている。機械が言葉を使う、機械が抽象や概念を形成する、人間だけが解けると思われる問題を機械が解く、機械が自分自身を改善する、という目標が設定されている。（筆者訳）

ここで重要なのは、人工知能とは「機械に人間の知的能力を模倣（シミュレーション）させるものである」とする視点です。この時点で「言語の使用、概念の理解などを機械にさせる」という、その後、人工知能の発展の根幹をなす方向性が示されています。

また、より大きな視点で見れば、この時代の少し前の背景として、ライプニッツ（1646-1716）、フレーゲ（1848-1925）、ラッセル（1872-1970）、ホワイトヘッド（1861-1947）が構築してきた**思考の算術化**があります。思考の算術化とは、人間のあらゆる思考を記号操作による算術で表現しようという試みです。これに従って数学の基礎を表現したのが、ラッセルとホワイトヘッドによる『プリンキピア・マテマティカ』（1910-1913）です。さらに、ヒルベルトが発展させた数理論理学があります。

ダートマス会議において、この『プリンキピア・マテマティカ』の定理をプログラムの推論によって証明する、というアレン・ニューエルとハーバート・サイモンによるプログラム「**Logic Theorist**」が公開されました。これは世界初の人工知能プログラムと位置付けられます。

ダートマス会議の内容自体もこの会議の重要性に寄与していますが、それ以降の人工知能分野を作り上げたジョン・マッカーシー、マービン・ミンスキー、クロード・シャノン、ナザニエル・ロチェスターといった研究者が一堂に介したイベントであったことも、この会議が歴史的なものになった理由でした。2016年はダートマス会議から60周年にあたり、さまざまな記念イベントが

第2章 社会と歴史の中の人工知能

開催され、記事が書かれました。ダートマス会議は60年を経た今も、人工知能の出発点の代名詞となっているのです。

ダートマス会議

全脳アーキテクチャ

　脳の構造から人工知能を組み立てようとする試みがあります。これは、脳科学者も人工知能研究者も、いつかは実現されるだろうと漠然と予感してきたものではありますが、近年になって、双方の進化によって急速に現実味を帯びてきました。具体的には、脳科学の知見をソフトウェアに移すことを意味します。ただし、脳の一つの機能をソフトウェア化するという従来の手法とは違い、脳全体の構造のソフトウェア化に取り込むことで、汎用的な知能、全体的な知能を実現するという試みです。脳科学者、ソフトウェア研究者、人工知能研究者の三者の対話の場ともなっています。

　このような研究は、米国では「BRAIN Initiative」、欧州では「HUMAN BRAIN PROJECT」と呼ばれ、いずれも数百億円規模の予算を獲得している国家プロジェクトです。日本では、全脳アーキテクチャ・イニシアティブ（WBAI）が起ち上がっています。

　このような状況の背景には以下の要因があります。

- 脳科学の知見が蓄積されてきたこと
- 人工知能の研究に勢いがあり、脳科学の知見を取り入れるだけの吸引力があること
- ディープラーニングの成功
- コンピュータの性能向上によるシミュレーション能力の向上

　ただ、全脳シミュレーションは単一の機能に絞ったものではなく、複合的なアプローチであり、短期的な成果と、長期的な視野の双方からプロジェクトを見ていく必要があります。脳の運動から明らかになる人間の認識をシミュレーションによって再現するという、脳科学と人工知能研究との二つをつなぐ成果が待たれて

第2章 社会と歴史の中の人工知能

専門分野に特化したAIではなく
人間の脳全体をカバーしよう
というのが
「全脳アーキテクチャ」。

います。

　脳科学と人工知能の融合は、人間の知能を模倣するという意味で王道の一つですが、これまでそれを推進することは困難でした。この方向に推進することは、これまでのアルゴリズムによる計算科学的なアプローチに、生態的な知見を融合することになり

ます。

　脳の全体を模倣しようとするところに何か新しい大きな発見があるのではないか、という期待があります。しかし一方で、人工知能は脳科学の完全なシミュレーションではなく、その知見を取り入れつつも自律したシステムでなければなりません。その意味で、脳科学と人工知能は適度な距離を保ちつつ、互いの分野に貢献することが必要です。

自動走行

　車の**自動走行**は、人間の運転なしに道路を運行するシステムです。街中の高速道路のように整備された場所はもちろんのこと、より複雑で未整備な道路に関しても探求されています。

　自動走行の歴史においては、2004年から開催されたDARPA（アメリカ国防高等研究計画局）グランドチャレンジが大きな役割を果たしました。これは、自動走行するロボットカー（無人車）で走行距離を競うコンテストで、企業や研究機関が開発した自動走行車が出場し、一つの技術指標となっていました。米国には、このようなコンテスト形式で技術を推進するケースが多くあります。

　自動走行車の課題の一つは周囲の認識です。そのためのカメラやレーザー、あるいは雑音と移動に強いセンサー系の開発がポイントとなります。車や人、路上の物体、信号など、周辺環境をさまざまに分類して認識する必要があります。一言で言えば、自動走行とは、車に自律的な知能を持たせようとする試みです。

　現在、自動車産業全体の中で自動走行および人工知能の研究が進められています。逆に、IT業界から自動走行・人工知能システムを車に持ち込もうとする方向にも発展しています。たとえ

ばグーグルは自動走行車の研究を継続しており、トヨタは米国に「TOYOTA RESEARCH INSTITUTE, INC.」を設立しました。

車のIT化は自動車産業の次なる統一ビジョンです。自動走行はその根幹を為す重要な技術ですが、やや特殊な技術でもあります。車内部のシステムのIT化と違って、複雑な現実世界と向き合う複雑な人工知能だからです。ここでは**ディープラーニング**（P.52）が有望だと言われています。

また、車の自動走行という取り組みとは別に、**ITS**（Intelligent Transport Systems、高度道路交通システム）という取り組みもありました。これは道路システム全体をITとセンサー技術によって変化させていくというもので、たとえば、道路と車がシグナル（信

自動走行

号)のやり取りをしつつ自動走行を行う、というアプローチになります。現在主流の自律的な自動走行とは異なるアプローチだと言えます。

なお、自動走行には、社会的な問題や倫理的な問題が含まれています。自動走行のほうが交通事故率が急激に低下すると言われても、人々が一斉に自動走行車に替えるとは限りませんし、人と接触事故を起こしたときには人工知能の側が責められるはずです。保険の問題も複雑です。自動走行車が広く普及するためには、技術の進化のみならず、車社会全体の変革が必要となります。

スマートシティ

スマートシティは街全体を知能化することで、より機能的、自律的、安全な街を実現しようとする試みです。この言葉はもともと、電力などのエネルギーを、知的な制御によって自動的に融通するシステムの呼称でした。しかし時代を経て変化し、最近ではエネルギーシステムに留まるものではなくなりました。街全体に張り巡らされたセンサー群から集めた情報をもとに街全体を監視し、ロボットや端末を通してセキュリティやサービスを展開する、知性(インテリジェンス)を持った街を指すようになっています。

スマートシティが目指すのは、街全体の知能化です。あらゆる場所が監視され、そこに力を行使するロボットやドローン、人がいて、安全やサービスが受けられるような世界が目指されています。そこでは、人工知能は単なるアプリケーションではなくて、社会インフラとして導入されるのです。

しかし、街全体のインフラがそのような方向に変化するのには

第2章　社会と歴史の中の人工知能

段階的な発展が必要です。部分的には、自動運転などの道路上の知的システム、監視ロボットの導入、過去の統計データに基づく犯罪予測などが進んでいます。その街のクオリティ・オブ・ライフ（生活の質）が、その街が導入した人工知能システムの質に大きく影響される時代がやがて到来するでしょう。だとするならば、それは次なるビジネスチャンスでもあり、新しいIT産業の領域でもあります。そのため大手IT企業はスマートシティの基幹部分となるソフトウェアを狙いつつ研究・開発を進めています。

社会的脳（ソーシャルブレイン）

従来の脳の研究では、隔離された部屋で、個人の脳のスキャンニングがされていました。つまりそれは個体としての脳の探求です。しかし、脳のスキャンニング技術の向上により、二人、三

人といった社会的な状況において脳がどのような活動を示すかが、実験で調べられるようになりました。

 たとえば、一人でいるときにはできる行動も、二人になると制限されることがあります。たとえば、みなさんも一人ではできることも、上司や周囲の目があると途端にできなくなる、あるいはしなくなる、ということはありませんか。スポーツ選手でも、一人で練習しているときはいいのですが、何千人という観衆の目の前で演技をすることには、初めは慣れないものです。つまり社会的な他者の視線、あるいは社会的な関係が持ち込まれる場では、脳は個体単独でいる場合と異なる活動をするのです。

 また、社会的な場でしか行わない活動があります。たとえば会話やゼスチャーの理解、他者の認識、チームとしての意思決定などです。社会的活動を実現する脳と身体の働きは、人間に限らずあらゆる生物が持っているものです。生物の基本的活動として社会的活動があるとすれば、そこには脳の極めて基本的な機能があることが期待されます。

 人工知能分野においても、個としての人工知能の次に、社会的知性、コミュニケーション、協調が研究されてきた歴史があります。しかしそれは現象的なアプローチで、「生物はこのように協調する」という見かけを真似てきたものがほとんどでした。たとえば、空間における個体間の物理的な力を仮定して鳥の群れの動きを再現する**ボイド**（P.164）や、コミュニケーション言語を作って協調する**マルチエージェント**（P.136）のアプローチなどです。社会的脳の研究が進めば、個体の脳が他者と協調するためのどのような機能を持っているかが明らかになり、人工知能の開発にフィードバックされることが期待されます。

第2章 社会と歴史の中の人工知能

社会的脳（ソーシャルブレイン）

人工知能と倫理

　人工知能には**自律性が高い**という特徴があります。機械もある程度自動的に動きますし、場合に応じて機能を変化させる能力を持っているものもあります。しかし、人工知能はより深い次元で自分の行動を決定する能力を持ちます。ところが、人工知能がその自律性に基づいて意思決定した結果として起こる行動の責任の所在は、明確ではありません。

　武器について考えてみましょう。剣を振って戦うのであれば、責任は兵士と司令官に帰すでしょう。コンピュータ制御の自動

照準の銃であっても、責任は所持者にあると考えられます。しかし、無人戦闘機や無人戦闘ドローンの場合、意思決定はそれらの人工知能が行っていることになります。とは言っても、攻撃命令を出したのも、そもそも人工知能を作成したのも人間ですから、そこでは人間に対する倫理も同時に問われます。ただ、人工知能の自律性が人間の責任を隠蔽してしまい、人工知能にのみ責任が問われがちな社会的状況が発生します。

　自動車の**自動走行**(P.40)についても、他の人間の安全を人工知能がどこまで担保できるのか、という問題があります。どこまでがドライバーの責任で、どこまでが人工知能の責任なのか？ そもそも人工知能の社会的責任とは何か？ これは保険会社にとって重要な問題です。

　また、学習する人工知能は思わぬ問題を引き起こすことがあります。著作権のある画像から学習し、よく似た画像を出力したり、2つの画像をコラージュしたり、という問題があります。あるいは、会話エンジンが下品な言葉を学習して不適切な発言をするとか、政治的な発言を学習して偏った発言をする、といったことも考えられます。そういった場合に運営者がストップをかけたとしても、責任は人工知能にあるのか、運営者にあるのか、人工知能をそのように学習するように融通したユーザーにあるのか、明確ではありません。マイクロソフト社の学習する会話人工知能「Tay」も、政治的な発言を学習するようユーザーに誘導され、わずか1日で停止に追い込まれました。

　今後、人工知能の学習能力が高まるにつれて、個人の語り方、言葉の選び方、声などの特徴を詳細に学習する能力が高まり、特定の個人に成りすます精度が高まります。人工知能は、少なくともインターネット上では人の社会に属する個人と衝突する

可能性が高くなり、人の社会の倫理をある程度受け入れる必要に迫られます。また将来的には、ロボットやアンドロイド技術によって、外見、しぐさ、声など、人間そっくりのロボットやアンドロイドができたときには、現実の社会において強い倫理的な制約が課されることになります。

　ここで先駆的な仕事として、SFの中で想定された未来の人工知能の倫理を見てみましょう。**ロボット三原則**は、SF作家アイザック・アシモフの『われはロボット』(1950年)の中で提唱された、ロボットが守るべき倫理の三原則です。

1. ロボットは人間を傷つけてはいけない、または、直接でなくても人間に危害が及ぶようなことがあってはならない。
2. ロボットは人間の命令に従わなければならない。第1条に反しない範囲で。
3. ロボットは自らの身を守らなくてはならない。第1、2条に反しない範囲で。

アシモフはやがてくるロボットと人間の社会的衝突を見越して、このような三原則を提唱しました。これはロボットに強い制限を加えるとともに、ロボットに対する人間の行動にも制限を加えているという意味で、人間とロボット双方を規律する倫理となっています。

　日本の人工知能学会にも2014年に倫理委員会が設置され、2016年の大会では、倫理綱領の素案が提案されています。

❏ **「人工知能学会 倫理委員会の取組み」公開ページ**
　　http://id.nii.ac.jp/1004/00000606/

人工知能と倫理

古典的AI

古典的AIというのは正確な学術用語ではありません。「古典的小説」と同じように、現在の基礎となっている、頻繁に参照される仕事全般を指します。人工知能60年の歴史の中で、1980年代まで、あるいはインターネット前夜までの人工知能の大きな流れのことを漠然と指しています。

ダートマス会議(P.34)で開始された人工知能研究は、ゆっくりと確実に、質の高い仕事を積み重ねていきました。現実に立ち

向かうにはコンピュータの性能が十分ではありませんでしたが、コンピュータやゲームという箱庭の中で、徐々にその姿を形成していった時期のAI、それが古典的AIです。

古典的AIの試みは、知能の本質(「思考能力」と言ってもいいでしょう)をまず一気につかんでしまおうというものでした。人間が持つ高い知能を機械に写し取ろうとする試みです。コンピュータもまだ黎明期で、知能を実現する手法は手さぐりでした。

1950年代当時に知能の実現のために用いることができた大きな基盤は、20世紀前半から形成されてきた**形式論理**でした。これは記号によって思考を表現するという考え方で、記号的な人工知能の基盤となります。

一方で、生理学的な知見として脳の回路がニューロンの回路であることがわかったのもこの時期です。この知見は1950年代に**パーセプトロン**(P.88)という形に整備され、さらに1980年代の**ネオコグニトロン**(P.81)を経て、**ディープラーニング**(P.52)へとつながっていきます。これは、**コネクショニズム**(P.174)と呼ばれる**ニューラルネットワーク**(P.85)のような接合回路によって人工知能を実現しようとする流れと言えます。

このように、古典的AIは1980年代に入るまでに大きな二つの流れとなり、1980年代に一気にブレイクするかのように見えましたが、それは揺籃期の成長であり、社会で実用的なものになるまでには至りませんでした。記号主義的な人工知能は**エキスパートシステム**(P.73)として人間の知識の代わりになるかのように思われましたが、逆にそれは人工知能の弱点を露呈しました。記号によって現実を描写する難しさ(**シンボルグラウンディング問題**、P.180)や、人間が想定したフレーム(思考の枠組み)以上のものは実現できないという問題(**フレーム問題**、P.177)です。

一方、コネクショニズムは、記号では表現できない筆跡のような曖昧な情報を扱ったり、複雑な方程式を解いたり、データを分類したり、バックギャモンをプレイしたりする人工知能に効果を発揮します。しかし、現実の問題を力強く解くまでにはなお一層の改良と、コンピューティングパワーの供給が必要でした。

　1990年代以降、インターネットの時代が到来すると、ネット上に記号情報、画像、映像の順に情報が溢れ出します。この情報を苗床にして、新しい人工知能の潮流が現れてきます。

第 3 章

学習・進化する人工知能

ディープラーニング

ディープラーニング（深層学習）はニューラルネットワーク（P.85）の一技術です。最も大きな変革点は、学習データが十分にあれば、ニューラルネットワーク自体がデータ群の特徴を自動抽出してくれるところです。それまでの画像やデータの解析では、データごと、問題ごとに抽出アルゴリズムを工夫していました。しかしディープラーニングは人為的な工夫なしに、自動的に特徴を抽出します。少しラフに言ってしまうと「ニューラルネットワークにデータを流し込めば特徴が勝手に抽出される」というイメージです。

ニューラルネットワークは**ニューロン**と呼ばれる脳神経を模した単位を連結させたネットワーク状のグラフです。入力からきた信号が伝搬していきます。ニューラルネットワークでは1980年代の逆伝搬法以来の大きな変革として、2006年にジェフリー・ヒントンらによって**オートエンコーダー**と呼ばれる新しい学習法が提案されました。この手法の特徴の一つは、ニューラルネットワークの各層を段階的に学習させていくところにあります。たとえば、第1層は入力した情報をそのまま出すように学習する。第2層は学習した第1層の上に同じように入力を再現するように学習させる。第3層以降も同様です。このように段階的に学習させたニューラルネットワークは、層が深くなっても強い学習機能を持ちます。

ディープラーニングの最も得意とするのは、画像データや波形データのような記号にできないデータの中のパターン認識です。入力層から画像を入力し、段階的に学習していきます。一般的によく使われるニューラルネットワークの構造は、各層をそれぞれすべて繋いでしまうパーセプトロン型ですが、画像認識の場合、

特殊なつなぎ方をすると比較的うまくいくことが知られています。それを**畳み込みニューラルネットワーク**(コンボリューショナルニューラルネットワーク)と言います。さらにそれを人間の脳の視覚野を参考に発展させたのが、当時NHK放送技術研究所にいた福島邦彦の**ネオコグニトロン**(P.81)です。これがディープラーニングの原型となっています。その特性として、入力データをさまざまな大きさで切り取って特徴を抽出するマルチスケールの中間層を持ちます。そこでたとえば車の画像を入れると、細部のパターンから、大きな構造、全体の輪郭などを抽出します。

ディープラーニングはこの性質を利用して囲碁AIでも用いられています。2016年にプロ棋士に勝利したグーグル**AlphaGo**(P.70)は、碁盤全体を入力としてさまざまなスケールで特徴を抽出します。また巨匠の絵のタッチを学習させたり、キャラクターアニメーションの特徴を抜き出す研究もあります。

このようなディープラーニングの躍進の背景にはハードウェアの性能の向上があることも見逃してはなりません。特に、ニューラルネットワークは定型的な演算の繰り返しであり、また並列的に計算できる部分が多いのも特徴です。そこでゲーム産業やコンピュータグラフィックス業界の発展を支えてきた**GPU**(Graphics Processor Unit)を搭載したグラフィックスボードを利用することができます。GPUは現在では数百の計算コアからなる並列演算装置であり、ディープラーニングの計算の高速化に適しています。グラフィックスボードの大手であるNVIDIAは、自社のグラフィックスボードでディープラーニングの性能を引き出すライブラリとフレームワークを提供しており、セミナーも活発に行っています。また、グーグルはデータ解析の中でディープラーニングを活用できるフレームワーク「TensorFlow」を公開しています。

ディープラーニングは人工知能分野全体の中の一分野ですが、言い方はよくないものの、2000年前後で、そこまで大きな流れになっていたわけではありません。むしろ、伝統はあるもののどうなるかわからない、という分野でした。しかし、先を見越した研

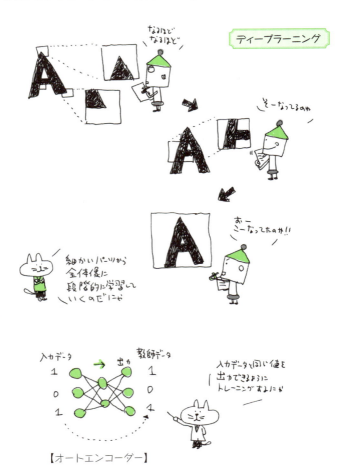

究者の努力によって大きな変革がなされ、一躍時代の中心に躍り出ました。ただその躍進については、ディープラーニング以前のニューラルネットワークに比べて飛躍的に向上した、という研究者内の評価と、一気に人間に近づいたという社会的な認識との間に若干の差があります。また、社会における本格的な実用までには時間と段階が必要とされ、現在、多くの分野で実用へ向けた急ピッチな開発が世界中で進められています。

機械学習

　機械学習とは、人工知能における学習のことを言います。機械学習という言葉は、人工知能とほぼ同時期に作られました。機械学習の「機械」という言葉には、「人間の学習」に対して「機械の学習」という視点が込められています。つまり、プログラマーがプログラムした以上のことができるようになることが機械学習の一つの基準です。

　機械学習にはまた「単にプログラムされたものではない」という意味が込められています。機械自身が学習する、という意味です。ここで言う機械は、当時は大型のコンピュータを始めとする自動機械を意味していました。

　機械学習は、考え方やまったく新しい知識を獲得するというよりは、すでに組み込んでおいた思考を調整し、あらかじめ決めておいた知識の型で知識を蓄積することで学習を行います。最適化と蓄積は機械の最も得意とするところです。一方、人間には混乱した状況の中から新しい考え方を生み出すということもありますが、人工知能には現在のところそれはできません。考え方自体を生み出す、というのはとても人間らしい創造性なのです。

機械学習には、**教師あり学習**と**教師なし学習**があります。この二つを明確に分けられる背景には、教師あり学習が「教師データ」を準備して人工知能を一つの方向に学習させることに対して、教師なし学習はそのようなデータなしに人工知能自身が自分の活動を通して集めたデータから自ら学習するという大きな違いがあるからです。

教師あり学習は、たとえばある入力に対して行うべき行動が教師データとなります。具体例を挙げましょう。仮想空間で犬のエージェントを作るとします。その犬には「お手」「お座り」「走れ」を命じられるとします。マイクから音声でそれぞれの命令を発したとき、バーチャル犬は最初はどの行動をしたらいいのかわからないので、ランダムに行動を選択します。しかし、きちんと合ったときにほめてやり、間違ったときには叱ることで、次第に命令の音声と行動の対応を覚えていきます。

　教師なし学習の例としては、2016年にプロ棋士に勝利した**AlphaGo**（P.70）を挙げることができます。AlphaGoの学習フェーズは二つあり、人間の過去の棋譜を学ぶフェーズと、学び終わった後に、自己対戦によって学んでいくフェーズがあります。前者は棋譜から教師あり学習で学ぶフェーズ、後者は自己対戦による教師なし学習で学ぶフェーズとなっています。

　一般的に教師あり学習は大量のデータを必要とし、教師なし学習はきちんと学習できる環境を必要とします。たとえば、現実世界で紙飛行機の設計を人工知能に教師なし学習させることは可能です。実際に紙飛行機を飛ばす環境があるからです。しかし、もしゲームの中で同じように紙飛行機を設計するとしても、ゲームの中では空気の流れなどがシミュレーションされていないので、実際に飛ばしてみて学習させることができません。教師なし学習には、整合性のある環境がそこにある、という前提が必要なのです。

教師なし学習の重要性

　AIのモデルには、例題と模範解答のセット（これを**教師信号**と言います）を必要とするモデルと、それを必要としないモデルがあります。教師信号を使って学習するのが**教師あり学習**で、使わずに学習するのが**教師なし学習**です。

　教師あり学習には問題があります。たとえば、人工知能を火星など、未知の世界に送り込むことを考えてみましょう。このとき、その世界でどのような現象が起こるかは予測できません。そのため、現象に対する正解を想定することができません。つまり、教師信号を作ることができません。また、人が模範解答を作ると、人工知能はその人以上に頭が良くならないという限界も生まれます。

　そのため、教師、つまり模範解答を必要としない教師なし学習が重視されています。

強化学習

　人工知能が自分の属する環境において、自ら試行錯誤しながら最適な行動を見つける学習を**強化学習**と言います。強化学習は行動の結果を自ら認識するという意味で、教師なし学習と見なすこともできます。

　強化学習において重要なのは、まず自分の行動と状況をはっきりと表現することです。そして、どの状況のときにどの行動をすると、その環境において、どのような結果になるかを認識することです。そこから、最も良い行動の過程を学習していきます。学習の手掛かりになるのが**報酬**という概念で、報酬は結果に対す

第3章 学習・進化する人工知能

教師あり学習　　　　　**教師なし学習**

① AIに例題を与える　　　① とりあえず判断、行動する

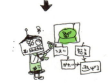

② AIはそれを勉強する　　② 結果から、事例について分析して学習していく

③ 学習してない事例について、自分で判断、行動する

人間があらかじめ
知識を与えられない
ような環境に対しては、
「教師なし学習」が
有効となる

る評価値です。報酬をどう定義するかで学習の方向が決定されます。例を挙げましょう。

カジノに行って3台のマシンA、B、Cがあるとします。予算は3000ドルです。このとき、いきなり1台のマシンに3000ドル賭ける人も、3台のマシンに1000ドルずつ賭ける人も、まずいないでしょう。普通は3台のマシンに少額ずつ賭けます。ここでは、それぞれのマシンにまずは50ドル賭けて、返ってきた結果を調べます。100ドル、20ドル、70ドルが返ってきたとします。すると、A、C、Bの順番に儲かるマシンということになります。そこで次

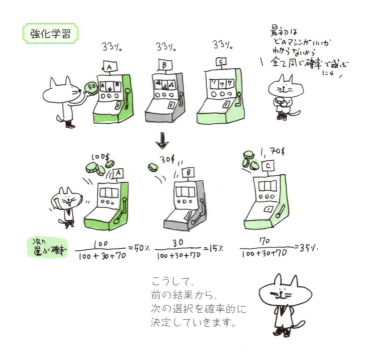

こうして、前の結果から、次の選択を確率的に決定していきます。

はA、B、Cに200ドル、40ドル、140ドルを賭けてみます。その結果を見て、次に賭ける金額を改めて決めます。この手順を繰り返し行うことで、3台のマシンへの賭け方が決まってきます。これは行為と結果から学習する強化学習です。

もう一つの例として、対戦格闘ゲームを考えてみましょう。人間が操作するプレイヤーと人工知能が操作するキャラクターを対戦させます。最初、人工知能はランダムにキック、パンチ、ビームを出します。報酬はプレイヤーの体力がどれだけ減ったかです。状態はプレイヤーとの距離、自分とプレイヤーの速度とします。最初はランダムに技を出しているだけなのでプレイヤーにほとんどダメージを与えられませんが、何度も戦っているうちに、たまたまプレイヤーにダメージを与える事象が起こります。人工知能はそれを覚えておきます。何度も何度も戦ううちに、どの状態のときに、どの行動をすれば、プレイヤーの体力を削ることができるかを学習することができます。これが強化学習です。

強化学習は環境から適切な行為を引き出す手法で、学習の中でも最も実用的な方法の一つです。応用範囲もとても広く、特に、学習しようとする対象がモデル化できないときに効力を発揮します。

遺伝的アルゴリズム

遺伝的アルゴリズム(Genetic Algorithm、GA)は、ダーウィンの進化論をモチーフとしたAIです。**ニューラルネットワーク**(P.85)、**エキスパートシステム**(P.73)と並んで、AI御三家の一つと称される代表的なAIモデルです。

さて、ダーウィンの進化論をざっくり説明すると、こういうこ

とになります。

　　生物は、環境に応じて、優秀な個体だけが子孫を残すことができ、劣等な個体は淘汰される。また、個体は突然変異を起こす場合があって、まれに優秀な個体になることもある。これを繰り返して進化してきた。

　「優秀な個体＝良い解答」と見立て、進化の手法を用いて最適解を見つけ出そうというのが遺伝的アルゴリズムです。

　遺伝的アルゴリズムが最も得意とするのは、「いろいろと考えられる答えの中から、最も良い答えを見つけ出す」ことです。「遠足のお菓子問題」を例にとって考えてみましょう。子供が、遠足にお菓子を持っていきます。ただし、使っていい金額は決まっているため、たくさんの種類のお菓子を持っていくわけにはいきません。決められた金額内で、種類的にも、量的にも満足のいく組み合わせを選ばなくてはなりません。

　こうしたタイプの問題は、お菓子の種類が多くなると、買う・買わないの組み合わせが膨大になるという問題があります。お菓子の種類が少なければ人力でも計算可能ですが、お菓子が1万種類もあったりとすると、考えられる組み合わせの数はおおよそ10の30乗通りとなり、人力での計算が困難になります。こうした**組み合わせ爆発**を起こす問題について、遺伝的アルゴリズムは、非常に速く（だいたい）正しい答えを見つけることができます。

　遺伝的アルゴリズムの原理は、遺伝の原理を模したものです。まず複数の数値が含まれる遺伝子を用意します。プログラムで言うと、遺伝子とは単に数値の配列です。しかし、それらの数値は表現される空間において個別の役割を持っています。たとえばRPGを例にとると、1番目の数値は体力、2番目は魔力、3番目は力の強さ、4番目は足の速さ、5番目はジャンプ力といった

第3章 学習・進化する人工知能

具合で、これはゲーム中のキャラクターの設定値となります。たとえば、マップの中にたくさんの人工知能キャラクターがいて、それらキャラクター同士で戦わせ続けるとします。すると、撃破数の多い勝ち残ったキャラクターの遺伝子は優秀である、ということになります。ですので、一定時間が経ったら勝ち残った優秀

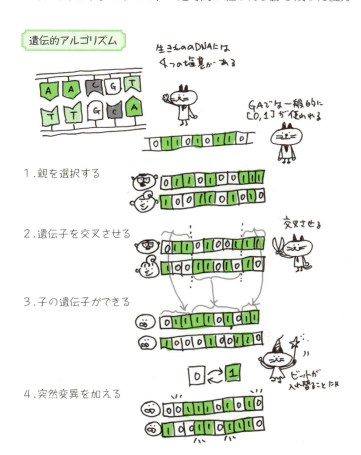

遺伝的アルゴリズム

1. 親を選択する

2. 遺伝子を交叉させる

3. 子の遺伝子ができる

4. 突然変異を加える

な遺伝子を持つ個体を集めて、遺伝子の**交叉**を行います。交叉とは、2つの遺伝子を取り出して切断し、新しく組み合わせることです。これによって新しい遺伝子が生まれます。これは、優秀な遺伝子からは優秀な遺伝子が生まれる可能性が高い、という仮定に基づいています。そしてまた、この新しい遺伝子を持ったキャラクターをゲームの中に放り込んで戦わせます。これを繰り返すことで、どんどん強いキャラクターが自動的に生成されることになります。

では、遠足のお菓子問題はどのように解かれるでしょうか。まずは遺伝子配列に、50円、100円、200円、300円のお菓子をそれぞれいくつ買うか、という個数を持たせます。遺伝子の評価は、予算(たとえば1000円)にどれだけ近いかで判定されます。優秀な遺伝子を交叉させることで、だんだんと正解に近づいていきます。

このように遺伝的アルゴリズムは、多次元の膨大な探索空間(遺伝子を集合とする空間)から、適切な解答(遺伝子)を見つけ出すアルゴリズムです。それはキャラクターなどを進化させることから、**進化アルゴリズム**とも呼ばれます。

人工生命

人工生命とは、生物の個体、あるいはその群れを、コンピュータ内に作った仮想環境の中で再現するシミュレーションです。特に、知能だけではなく、身体の運動と移動、生殖、群れの中の力学が再現されます。

初期の人工生命の研究は、1970年代にトム・レイによって始められました。そこでは、2次元のグリッド状の空間(正方形のタ

第3章 学習・進化する人工知能

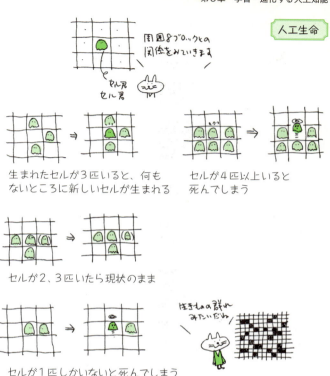

人工生命

イル＝セルが敷き詰められた空間で、このセルが空間の単位となる）で、セル1つ分、あるいはそれが連続で連なったものを生命と見なして運動させます。生命のように、動き、捕食し、生殖する、までをシミュレーションします。人工生命は、その体でグリッドの世界を動き回ります。それは確かに生命であるかのような印象を与えます。

一般に、原初的な生物ほど小さく柔らかく、かつ群れを為す

傾向があります。逆に、地上の哺乳類などは大きく堅く、孤立する傾向にあります。人工生命はどちらかと言えば、原初的な生物のシミュレーションでした。しかしその研究は、高等な生物の側にゆっくりとシフトしてきました。人工生命は生物全般を対象とするものの、最も集中的に研究されているのは、流動性の大きい原初的な生物のシミュレーションです。**エージェント・シミュレーション**と言った場合には、より高等な生物のシミュレーションとなります。

人工生命の隣接分野に、**ライフゲーム**があります。仮想環境をグリッド状のシンプルな空間とし、身体を格子の組み合わせとします。そして運動を格子上の移動に限定した極めてシンプルなシミュレーションですが、そこには思いもかけない現象が現れます。

大型のデジタルゲームでは、現実とよく似た3次元空間の中で、身体を持ったキャラクターが運動します。それらは人工生命の発展した姿と言えますが、その精緻な生物らしい姿とは裏腹に、本来の人工生命が持つ身体の変化や生殖性はありません。さらなる発展には、もう一度人工生命の流れの中にゲームを投げ込むことが必要です。

第 4 章

人間を超える人工知能

IBM Watson(ワトソン)

IBM Watson(以下、ワトソン)は、IBMが開発した自然言語に特化した人工知能です。ワトソンは、Wikipediaなどの自然言語のデータ群(**コーパス**)から、語と語の相関を学習します。ここで言う相関とは、その2つの語が同じ文章の中でどれくらいの頻度で同時に含まれるか、という確率を言います。それをデータベースとして持つことで、クエリー(要求)としてある語が入力されたときに、その語と強い相関を持つ語を評価値を付けてリストアップします。たとえば、「リンゴ」を入力したときには、「リンゴ」と相関を持つ「赤い」や「丸い」「おいしい」「青森」といった言葉を評価値の順番を付けて出力することができます。この能力がいかんなく発揮されたのが、アメリカの人気クイズ番組「ジョパディ」です。ジョパディは、ある単語の定義が述べられ、その定義が指す単語を解答するクイズ番組で、ワトソンに適した形式だと言えます。ワトソンは有名な二人のチャンピオンに勝ち、名声を得ました。なお、そのときの番組の収録は、ワトソンを安定して動かすために、IBM社に収録現場を移して行われました。

ワトソンはその圧倒的な自然言語検索能力を汎用的なバックエンド(サーバー)として、展開するサービスごとにフロントエンド(クライアント)を作成するモデルです。たとえば、音声認識やノイズ処理、情報の抽象化などはフロントエンドで吸収し、フロントエンドはバックエンドに検索クエリーを投げ、解答を待ちます。そして得られた解答をサービスに応じて出力する、というプロセスを構築します。この柔軟さが汎用的なサービスに向けての布石となります。

IBMはワトソンを中核事業の一つに位置付けており、ワトソン

第4章 人間を超える人工知能

を用いた事例を一同に集めたIBM Watson Summitなども開催されています。最も有名な応用例としては、ソフトバンクのロボットであるPepper（ペッパー）をサポートする事例や、みずほ銀行の電話による問い合わせのオペレーターをサポートする事例などがあります。

エンターテインメント分野においても応用が目指されています。「コグニトイ」(CogniToy、elemental path社)では、恐竜型のおもちゃに質問を話しかけると、音声認識によって言語へ翻訳され、インターネットを通じてクエリーがIBMワトソンへ投げられます。すると、ワトソンから答えが伝えられ、再び音声によって答えられます。

このようにIBMは、ワトソンを基幹技術として位置付けており、その周囲に多様なサービスを展開しています。

AlphaGo

DeepMindは、ロンドンに本社を置き2010年にデミス・ハサビスなど三人によって創設された、主に人工知能技術を開発する会社です。特に**ディープラーニング**(P.52)をコア技術として採用しています。グーグル社によって2014年に買収され、現在はGoogle Deep Mind社となっています。**AlphaGo**はDeepMindが2015年に開発した囲碁AIで、欧州アマチュアチャピオンとなった後、2016年に韓国のトッププロ棋士に勝利し、それまでの囲碁AIのレベルを大きく超えて飛躍的に向上させました。

囲碁AIは長い歴史を持ちます。将棋、チェスに比べて候補手の数が圧倒的に多く(10の330乗通りほど)、**完全情報ゲーム**(P.121)の中で最も難しいゲームと言われてきました。そのため、強さを上げるのに長い時間を要しています。

囲碁は駒に個性がないため(白と黒しかない)、評価関数の拠りどころは位置以外にありませんが、候補手の多さから、局面を評価するのは困難です。一手で局面が大きく変化することもあります。局面を評価する評価関数を作ることが囲碁AIの難しさです。

第4章 人間を超える人工知能

AlphaGo

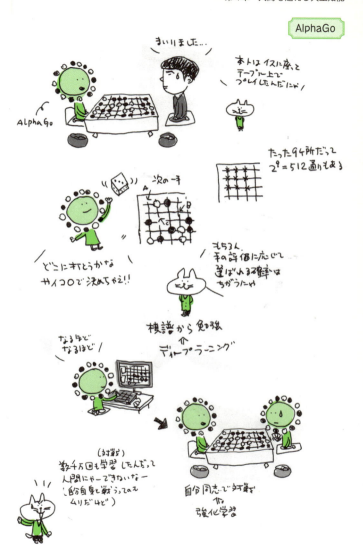

これまでは、囲碁に熟練した開発者が、さまざまな局面についての評価をプログラムで書き下してきました。

しかし2006年に、**モンテカルロ木探索**(P.126)と呼ばれる、シミュレーションをベースとした画期的な手法が提案されました。これは、ある手に対する応手を終局までランダムに打ち、それを繰り返すことによって得られた勝率を評価値とする手法です。囲碁AIについては、「モンテカルロ木探索発見後の半年で10年分、進歩した」と言われます。モンテカルロ木探索法自体は、1990年代にも提案されたことがありました。そのときは勝率ではなく、何目差という、より精密な情報を評価値に取っていたのですが、AIは強くなりませんでした。しかし、それを勝った負けたという勝率に変えたとたん、劇的な変化を遂げました。

AlphaGoは、このモンテカルロ木探索とディープラーニングを組み合わせた人工知能です。学習には二つの段階があり、最初の段階では膨大な棋譜のデータベースから学習します。第2段階では自己対戦(自分と自分の対戦)によって**強化学習**(P.58)をします。第1段階では、プロ棋士と同様に打てるよう、**ポリシー関数**と呼ばれるモンテカルロ木探索のための関数を調整します。第2段階では、そのポリシー関数を用いて、勝率のより高い手を選択できるように、**ニューラルネットワーク**(P.85)を学習していきます。これは、盤面を評価する直観的な思考をニューラルネットワークによって実現していると言えます。

エキスパートシステム

エキスパートシステムはAI御三家の一つで(P.61、P.85参照)、人間の「考え方」をモデルにしたAIという言い方ができるかもしれません。「もし×××なら△△△しなさい。そうでなければ、○○○しなさい」といったルール群で知識を構成している人工知能です。予想される問題について対処法をあらかじめたくさん用意しておくというもので、専門分野の知識を利用することが多いことから、エキスパート=専門家のシステムと呼ばれています。たとえば、

- **質問**:主な症状は次のどれですか?
- **回答**:1:熱がある　2:鼻水が出る　3:咳が出る

とした場合、以下のような判断をあらかじめ用意しておきます。

- **ルール1**:もし熱があるなら、食中毒だと診断する
- **ルール2**:もし鼻水が出るなら、風邪だと診断する
- **ルール3**:もし咳が出るなら、結核だと診断する

あなたが「回答2:鼻水が出る」を選択したら、ルール2が該当するので「ただの風邪です」という診断が下されます。

エキスパートシステムは、実際に多くの現場、特に病気の診断などに利用されています。

他のAIと異なり、エキスパートシステムには自分で学習する仕組みはありません。あらかじめ専門家たちが、考え得るだけの状況とそれに対する対処や判断、予測を用意しておきます。エキスパートシステムは、ユーザーの求めがどの状況に当てはまるかだけを判断し、そこに定義されている判断や予想をするだけです。

ルールがたくさんあればあるほど判断は正確になります。逆に、1つでもこぼれてしまうと、判断を誤る可能性があります。また、

ルールが増えすぎると、ルール同士の整合性が損われる場合もあります。さらに、ルールを設定するには専門家(エキスパート)の手が必要になります。仮に問題なくルールを設定できたとしても、その専門家以上の知識にはならないという問題もあります。

エキスパートシステム

if 熱がある	then 風邪かもしれない	信頼度 30%
if 鼻水が出る	then 風邪かもしれない	信頼度 50%
if 咳が出る	then 風邪かもしれない	信頼度 80%

……

探索エンジン

情報群の中から探したい情報を見つけることを**探索**と言います。探索は人工知能の基礎の一つです。たとえば人間の知能は「リンゴ」と聞くと、記憶の中からリンゴにまつわる過去の記憶を一瞬で呼び出すことができます。知能にとって情報探索とは最も基本的な機能なのです。人工知能では、情報群は**知識表現**（P.150）に準じたデータ表現になっていて、そのデータ上で探索を行います。

探索技術を応用した最も有名な例は、インターネット上の検索エンジンです。検索エンジンはネット上から収集したデータを高速検索が可能なデータ形式としてデータベースを形成し、その上で検索アルゴリズムを走らせることで、ユーザーに必要な情報を提示します。検索エンジンは人工知能技術の応用の一つです。

検索エンジンは3つの部分から構成されます。

- クロウリングによってネット上の情報を隈なく集める部分
- 集めた部分をデータベースとする部分
- データベースから検索する部分

集めた知識をどのような形で蓄積するかによって、検索エンジンの質が変化します。ネット上の情報を単語の集合と見なす原始的なインターネットから、より意味的な情報として解釈して検索する手法を**セマンティック検索**と言います。たとえば、「しろくま」というのは本当に動物の白熊かもしれないし、何かお酒の名前かもしれないし、地名かもしれない。このように、どのような意味であるかを考慮しつつ検索を行うことで、精度の高い情報を抽出することができます。

インターネットは20年を経て巨大なデータベースになりつつあり、検索エンジンの助けなしに、そこを旅することはできません。

言うなれば、我々は検索エンジンという人工知能の船に乗ってインターネットを旅しています。かつてはモーターボートほどのものだったのが、もはや高速客船のように高性能化されつつあります。ネットはますます広大になり、より強力な人工知能なしには旅することが難しくなっています。また、セマンティック検索のような、より質の高い検索も必要とされています。検索エンジンという人工知能は、ネットの世界と人間世界とを結ぶ役割をしているのです。

探索エンジン

第5章

人間の脳を真似る人工知能

ディープQネットワーク

ディープQネットワークは、**ディープラーニング**(P.52)と、**強化学習**(P.58)の一つであるQラーニングを組み合わせた手法で、**DQN**と略されます。DeepMindによって開発され、2015年2月、*Nature*誌に発表されました。

DeepMindは、DQNディープラーニングの技術によって大きな存在感を示しました。同社はDQNを利用して、まず1980年代のAtariの5つのレトロゲームを人間と同等以上にプレイできる人工知能を作り、次に囲碁AIである**AlphaGo**(P.70)を作りました。さらに、StarCraft(1998年、Blizzard Entertainment)のようなリアルタイムストラテジーゲームの人工知能を作るという道筋を描いています。

DQNによるゲームAIでは、ニューラルネットワークでゲーム画面を入力として受け取り、ゲームコントローラーの操作を出力します。学習時の報酬はゲームのスコアで、スコアが上昇するようにコントローラー操作の学習を続けます。どの状態のときにどのようなコントローラー操作を出力すべきかを学習していくわけです。このときに重要なのが、DQNシステムにはゲームのルールが与えられていないということです。どのようにプレイするとスコアが上昇するのかを、入力と出力を繰り返すことのみによって、学んでいきます。つまり、強化学習です。もう一つ重要なのは、Atariの5つのゲームのすべてを、単一のDQNシステムで学習した点です。個々のゲームに対する個別の工夫が取り入れられたとしたら、それは汎用的な人工知能とは言えないからです。単一のシステムで多様なゲームに対応できたことで、DQNは汎用人工知能としての可能性を示したと言えます。

第5章 人間の脳を真似る人工知能

ディープQネットワーク その1

Deep-Q-Networkは、ディープラーニングと強化学習（Qラーニング）を合体させたモデルにゃ

第5章 人間の脳を真似る人工知能

ネオコグニトロン

「生理学からヒントはもらうが、開発時には実際の脳のことはいったん忘れて研究を進めることが重要だ」とはネオコグニトロンの開発者、福島邦彦の言葉です。氏はNHK技術研究所で1970年代、1980年代を通して**ニューラルネットワーク**(P.85)の開発を進め、パーセプトロン型ニューラルネットワークをさらに進化させた**ネオコグニトロン**を発明・開発しました。当時、コンピュータは今よりもずっと遅かったため、高解像度の画像を何千というニューロンに入力するのではなく、グリッド上に書かれた記号を認識するというテストが繰り返されていました。問題となっていたのは、**パーセプトロン**(P.88)の効果が多層では薄れてしまうことと、対象の位置がずれるとパーセプトロンの反応が鈍くなることでした。

ときに、1981年にノーベル医学・生理学賞を受賞したトルステン・ニルズ・ウィーセルとデイヴィッド・ハンター・ヒューベルの「ヒューベル−ウィーセル仮説」というものがあります。これは、脳の1次視覚野では、単純型細胞(S細胞)と複雑型細胞(C細胞)が階層的な構造を持つという仮説です。単純型細胞は対象に対して位置依存ですが、複雑型細胞は単純型細胞の刺激を集めて位置に関係なくパターンを認識する性質を持ちます。

これにヒントを得たネオコグニトロンは、S層とC層という2つの異なる性質を持つ階層が複数の層で交互に組み合わされています。S層とC層までは生理学の知見の応用ですが、S層とC層をユニットのように考えてこれらを組み合せたのはエンジニアリングの発想です。

まずS層は複数の細胞面から成ります。この細胞面は同一の

パターンに反応する細胞で構成されています。S層は入力画像から特定のパターンを見つけようとしますが、そのとき、限られた領域（2×2、4×4、8×8など）の枠で全体を少しずつずらしながらスキャンします。そして、該当するパターンがあれば信号を発します。次にC層ですが、C層の1つの細胞はS層の1つの細胞面に結び付いていて、入力が1つでも信号を発していれば、自

動物の視覚屋の研究から生まれたモデルにゃ

身も発信します。ですから、入力画像の位置のずれはこのC層で吸収されます。さらにこのS層とC層が繰り返されますが、S層は深い層にいけばいくほど、スケールが大きくなります。たとえば最初のS層が2×2ならば、次のS層は4×4、あるいは8×8のようになります。**ディープラーニング**（P.52）の解析画像が複数のスケールに分解されているのは、このことに起因します。

このように脳の視野覚の研究にヒントを得て、エンジニアリングとして洗練されたネオコグニトロンは、ニューラルネットワークおよびディープラーニングの大きな礎となっています。また、生理学とエンジニアリングを行き来しながら、生物を模倣して工学を進めるという発想も、現代のさまざまな人工知能開発に受け継がれています。

ミラーニューロン

ミラーニューロンの発見は偶然でした。イタリアのパルマ大学のジャコーモ・リッツォラッティらのグループはマカクザルの脳に電極を挿して、行動に伴う脳の状態を観察していました。たとえば、餌を手で拾うときの脳内の電位変化などです。あるとき、偶然、ラボの中で人間が餌を拾い上げると、その電極が反応しました。マカクザルが自分で餌を拾い上げるときと、他者が餌を拾い上げるときとで同じ脳の部位が活性化したのです。これが、他者の行動を見ることで電位変化を起こす神経細胞、すなわちミラーニューロンの発見であり、1996年のことでした。

現在では、腕を動かす、物をつかむといったシンプルな行動に対するミラーニューロンが確認されています。人間の場合には、たとえばギターの演奏を学ぶ際に、教師の演奏に対して、自分

が演奏するときと同じミラーニューロンが活性化するとジャコーモ・リッツォラッティは述べています。人間は自分が実際に行う「模倣学習」に長けており、一方サルは「観察学習」が主となります。

　ミラーニューロンは動物の共感能力を司っていると考えられていますが、その証拠はまだ見つかっていません。

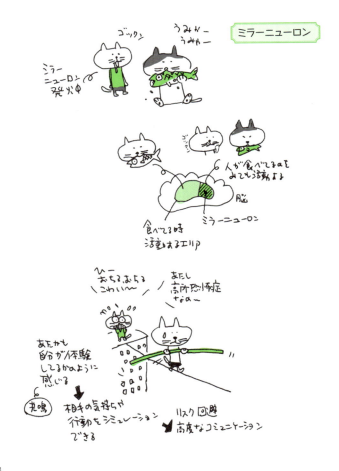

第5章 人間の脳を真似る人工知能

ニューラルネットワーク

ニューラルネットワーク（以下NN＝Neural Networkと呼ぶ）は、我々人間や動物のニューロンの構造と働きをモデルとしたAIです。**遺伝的アルゴリズム**（P.61）、**エキスパートシステム**（P.73）と並んでAI御三家の一つと称される、代表的なアルゴリズムです。

ニューロンは、他のニューロンから受け取った電気信号の量がある一定値以上だと興奮します。それ以下だと興奮しません。興奮したニューロンは、その先につながったニューロンに電気信号を送ります。先にあるニューロンもまた同じように興奮したり、興奮しなかったりします。簡単に言うと、つながったニューロン同士がバケツリレーのような連携行動をとります。NNは、この仕組みを数値モデル化したものです。

NNは、まず人間が先生となって、例題とそれに対する模範解答（これを**教師信号**と言います）を用意しておき、NNに教えてやります。すると、その後は教えたことはもちろん、教えていないことについても、自分で判断したり推理したりするようになっていきます。NNは、こういった特技を持ったAIです。

脳の仕組みを非常にシンプルにしたモデルですが、ロボットの行動判断に利用されるなど、すでに多くの現場で使われています。他にもたとえば次のような利用例があります。

- ❏ その日の雲の様子、気温、気圧などの気象データから明日の天気を予測する。
- ❏ その日の株価、過去の株価の動向、市場全体の動向などから、特定の株が上がるか下がるかを予測する。
- ❏ お札の色や模様などから、その紙幣が偽札かどうかを判断する。

❏ 潜水艦のソナー音（ターゲットにぶつかって反射してきた音）の波形から、ターゲットがただの岩なのか、敵の潜水艦なのかを判断する。

　ここで、こんな問題を考えてみましょう。まず、平面を2つに分割するように曲線を描いてください。分割された領域の一方をA、もう一方をBとしましょう。そこで、適当な点を1つ選んでください。NNにその座標がAにあるかBにあるかを判定するよう学習させてみましょう。入力は(X, Y)という2つの数値です。出力は1（点はAにある）か0（点はBにある）とします。最初は、座標を入れても適当な値（たとえば0.67など）を出すだけです。その際に、「本当は1を出すべきだ」と教えるのが教師信号です。この差を埋めるようにNNのニューロンの結合などを変化させます。これが学習です。このような学習を、1つ、2つ、100、1000とどんどん点を増やして教えていくと、やがて、このNNは点の位置をはっきりと区別できるようになります。このNNは、どのような曲線であるかを数式として理解したわけではありませんが、描かれた曲線の形を暗に認識したことになります。

　人間が多方面の問題に対して学習判断できるのに対して、残念ながら、NNは現時点ではまだ特定の問題だけに特化した学習しか行えません。これを**弱いAI**（P.180）と言います。また、NNによって人工知能を作る方針を**コネクショニズム**（P.174）と言います。これは、記号（シンボル）によって人工知能を作ろうとするアプローチ、すなわち**シンボリズム**（P.174）と鋭い対立をなしています。

第5章 人間の脳を真似る人工知能

> ニューラルネットワーク

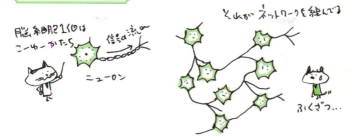

信号の総量 >= しきい値 → 興奮する
信号の総量 <　しきい値 → 興奮しない

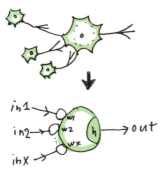

脳細胞を数理モデルにした

パーセプトロン

　マッカロとピッツという、なんだかマカロニとピザみたいな名前の科学者が、1つのニューロンが他のニューロンからの信号を受け取り、その量に応じて興奮する、しないという仕組みを数学的なモデルとして構築しました。1958年、科学者のローゼンブラッドは、このモデルと**ヘッブ則**（P.90）を組み合わせて**パーセプトロン**を作りました。

　パーセプトロンの基本的な原理は我々の脳と同じですが、ニューロンの数がとても少ないことと、電気信号の代わりに0や1といった数値をやりとりしているところが異なります。

　パーセプトロンは脳の仕組みを模したAIということで、**ニューラルネットワーク**（P.85）モデルと呼ばれています。今話題になっている**ディープラーニング**（P.52）の元祖と言えるモデルです。

　脳は、たくさんのニューロン同士が複雑に接続されて構成されています。同じ条件で興奮することが多いニューロンの結合は強化され、そうでないニューロンの結合は弱くなると言われています（これがヘッブ則です）。この法則を利用して、ニューロンの結合を数理的なモデルにしたものがパーセプトロンです。

　パーセプトロンの構造はいたってシンプルです。各ノード（脳で言えばニューロン）は、接続されている元のノードからの信号（数値）を合算して、ある一定値以上の値になったら「興奮」して、繋がっている先のノードに信号を送り出します。一定値以下の場合は信号を出しません。

　たったこれだけの仕組みなのに、簡単なルールなら学習することができます。「矛盾したこと」（排他的論理和や非線形問題と呼ばれます）が覚えられないという欠点がミンスキーに指摘され、

第5章 人間の脳を真似る人工知能

実用面での役割を終えましたが、ニューラルネットワークモデルの進化はこのモデルを出発点としています。

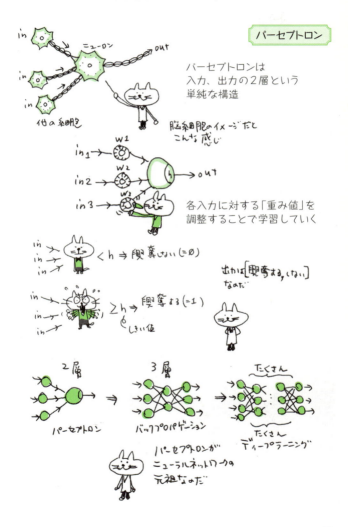

ヘッブ則

1949年、心理学者ヘッブは、「シナプスの前と後で同時に神経細胞が興奮するとき、そのシナプス効率（結合）は強化される」という論文を書きました。これを一般に**ヘッブ則**、または**ヘッブの学習則**と呼びます。

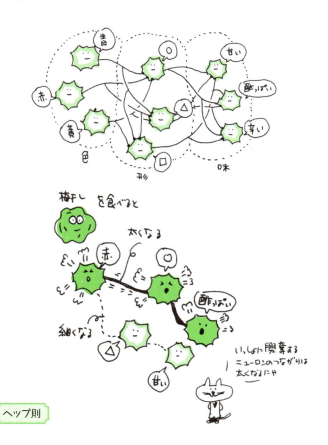

ヘッブ則

ニューロンは、それぞれの役割が細かく分かれています。赤い色だけに対して興奮する細胞、丸い形だけに対して興奮する細胞、酸っぱいという味覚に対してだけ興奮する細胞といった具合です。

たとえば、梅干しを口にしたとき、赤い色に興奮する細胞、丸い形に興奮する細胞、酸っぱさに興奮する細胞、「梅干し」という言葉に関係する細胞が、同時に興奮することになります。一方、青い色に興奮する細胞、四角い形に興奮する細胞、甘さに興奮する細胞などは反応しません。このとき、同時に興奮した細胞同士のつながりは太くなるが、興奮した細胞とそうでない細胞とのつながりは細くなる、というのがヘッブ則です。

「梅干し」という言葉を聞いただけで、実際の梅干しを口に入れたわけでもないのに、口の中が酸っぱくなるのはこのためです。

シグモイド関数

ニューロンの数理モデルは脳の神経を模しており、複数の入力信号から1つの出力信号を送出するモデルです。**シグモイド関数**は、ニューロンの数理モデルにおいて発火条件を決める関数です。横軸に電位をとり、縦軸に発信する電流をとると、ニューロンは最初、入力信号があってもなかなか発信しません。しかし、どんどん信号が入力されニューロン内の電位を上げていくと、ある値でいきなり発信が大きくなります。これがニューロンの特徴であり、ニューラルネットワークに学習機能をもたらす数理的特徴となっています。ある意味でスイッチング機能となっています。また、これはホジキン＝ハクスレー方程式の自然な解として求められる関数でもあります。

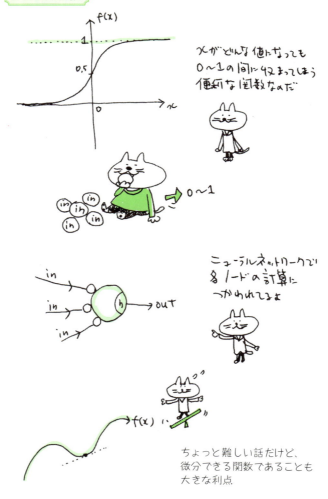

第 6 章

ビッグデータと予測する人工知能

データマイニング

　ある程度まとまったデータから読み取れる隠された性質をデータ解析技術によって明らかにすることを**データマイニング**と言います。データマイニングは、人工知能の伝統的な一分野ですが、特にインターネットの広がりにともなって注目されるようになりました。たくさんの人がネット上に情報を書き込み、写真や動画、さらに音楽をアップロードするようになり、膨大な情報が蓄積され、そこから特徴を見出すための技術の需要が高まってきたのです。また、さまざまなサービスがネット上で提供されるようになったことで膨大な情報が企業内で蓄積されるに至り、ますます重要度を増しています。

　たとえばソーシャルゲームでは、最初に何百万というユーザーが登録します。その中でヘビーユーザーはアイテム課金などでアイテムを購入し、ますますゲームにのめり込みます。一方、次第にログインしなくなっていくユーザーも現れてきます。そこで、どのようなユーザーが離脱していくのかを解析したいというニーズが生まれます。ログインしなくなったユーザーの行動パターンをデータから抽出できれば、ユーザー離れに対する対策が立てやすくなるというわけです。あるいは、毎週仕掛けるイベントの効果がどれくらいあるか、あるいは、どのアイテムがどういったユーザーに購入されているかなど、さまざまな相関関係を明らかにしたいというニーズもあります。そこで、データを扱う統計的な技術が必要となります。

　データマイニングの必要性は現実世界でも生じます。たとえば全国にチェーン展開する洋服店であれば、どの服がどの時刻にどのような顧客に販売されたかというデータから、次のシーズンの

品ぞろえ戦略を立てることができます。

すべてがオンラインでコンピュータによって処理されるようになった現在、至るところにデータが蓄積されやすくなっています。そういったデータから、直観的にはわからない情報を引き出すために、データマイニングは必要な技術となっています。データマ

イニングを専門に行う企業もあります。また、オープンライブラリとして、あるいは企業からの有償ライブラリとして、各種の解析ツールがリリースされています。

　大量のデータは、人工知能を育む糧でもあります。データを解析して学習する人工知能を構築することで、データからサービスへの直接的なアクションを迅速に行うことが可能になります。現在では人が介しているところでも、やがて、リアルタイムにデータから学習する人工知能のほうが素早いリアクションをすることができるようになるでしょう。たとえば、その日までの一週間の品目別売り上げから、翌日に並べる品目の発注を決定する、といった具合です。あるいは株式売買を行うAIは、現在のところ、かなり短期的な推移しか見ていないものが多いですが、将来はさまざまなデータを解析してより良い銘柄を選択して、長期的な売買ができるようになるかもしれません。

　ビッグデータという情報の海は、2000年以降のインターネットの躍進によって出現した大海であり、人工知能はそれを母体として学習・進化することができます。それ以前の人工知能にはなかった新しい可能性を育みます。

協調フィルタリング

　協調フィルタリングはデータマイニング技術の一つで、特にユーザーデータの解析手法として注目されています。たとえば、インターネットの商品サイトなどによくある、「リコメンドシステム」で使われています。ユーザーの好みを推測するのに、協調フィルタリングが使われます。

　ユーザーの好みは、そのユーザーのそれまでの行動履歴からあ

る程度、推測することができます。建築が好きだとか、アニメが好きだとか、この著者が好きだとかといったことは、そのユーザーのデータを分析することでわかります。しかし、当該ユーザーだけに留まらない膨大なユーザーデータがあるのならば、そのユーザーと同じ、あるいは、とてもよく似た購入履歴を持つ他のユーザーを見つけることができます。するとそこから、当該ユーザーが好きそうなものを推測することができます。

　たとえばユーザーAとBの購入履歴がよく似ているとします。そして両者の履歴を比較して、ユーザーBは購入したもののユーザーAは購入していない、という商品があるのならば、その商品をユーザーAに推薦するわけです。こうすれば、その商品は高い確率でユーザーAの好みに合っていると推測できます。なお、こういったマッチングは、商品を数点しか買っていない場合のようにデータが少ないうちは不正確です。しかし、履歴が溜まってくるにつれて、より正確になっていきます。

　このように、ユーザーデータ群の中からよく似たデータを見つけ出し、予測して推薦する方法を協調フィルタリングと言います。また、よく似ているデータ同士のことを**相関の強いデータ**と言います。

　相関を計算する方法はいろいろあります。上記の例では、購入履歴の重複から相関を計算しましたが、購入したものをユーザーがどのように評価しているかを取ることができれば、より精密に予測することができます。たとえば、あるユーザーが5本のゲームを購入したとして、3段階で評価してもらうとします。次に、そのユーザーと同じゲームを少なくとも3本購入した別のユーザーを見つけてきます。そして、共通するゲームの評価を見比べます。共通するゲームに対して評価がよく似ている人と、似ていない人

がいます。また、あるゲームの評価は似ているがあるゲームの評価はまったく違うという、中立の人もいます。先ほど説明した言葉で言えば、相関が強い、相関が弱い、相関がほどほど、ということになります。そして、相関が強い人が好きなゲームは、おそらく当該ユーザーにとっても面白いでしょう。逆に、相関が強

協調フィルタリング

い人の評価が低いゲームは、おそらく当該ユーザーにとっても低い評価となるでしょう。さらに、相関が強い人の評価が高く、相関の弱い人の評価が低いゲームは、より高い確率で当該ユーザーの好みに合うと予想できます。協調フィルタリングは、このように、すでにあるデータからデータのない場所を予想していきます。

この方法の巧みなところは、相関の原因となっているものを知ることなしに予想ができる点です。「このゲームが好きだ」といった情報があれば十分で、「なぜ好きか」という理由は必要ありません。それでも予想できるところが、協調フィルタリングの強みです。

検索アルゴリズム

検索アルゴリズムとは、与えられたデータの中から指定されたデータを求める手続きのことを言います。たとえば、与えられた10個の数字から一番大きな数字を見つけるとか、名前と身長がセットになったデータからAさんの身長を見つける、などです。

検索はプログラムの基本です。プログラムにとってデータは身体のようなもので、データを動かすことによってプログラムは運動するとも言えます。また、人工知能にとっても検索は基本です。なぜなら、我々は「リンゴ」というだけで、自分の記憶の中から「リンゴ」の記憶を引き出すことができます。同じように人工知能にとっても、与えられた言葉から想起する能力は基本です。自らの知識を用いるために検索が必要なのです。

さて、このような検索アルゴリズムはデータの形式とセットで考える必要があります。たとえば、数値が順番に与えられるなら、

与えられるたびに大きい順番に並べておけば、常に一番大きなデータが端に置かれます。また、あまりにたくさんのデータが与えられる場合は、木構造のデータとして保持します。2つに枝分かれしていく二分木や、4つに枝分かれしていく四分木のデータ構造を作って保持します。このようにデータに幾何学的な構造を持たせると、検索がしやすくなります。

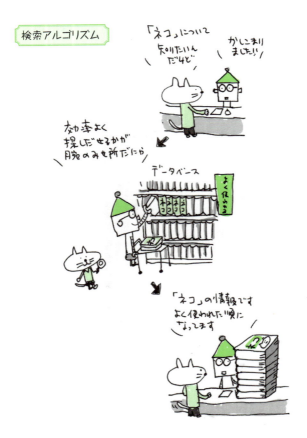

データ構造と検索アルゴリズムは、「データとプログラムの関係」を表現する基本です。また、この関係は人工知能においては、「思考と知識表現」と呼ばれる基本構造になります。人工知能では、プログラムが解釈できる形で対象を表現したものを**知識表現**(P.150)と言います。この知識表現の上で思考アルゴリズムが働くことで知能が実現されます。

最良優先探索

検索アルゴリズム(P.99)の効率は、どのような順番でデータを検索していくかで決まります。もしそれを気にしなければ、散らかった部屋で無作為に探し物をするように、ランダムに選んでいくことになります。しかし、データが大きくなれば、それは途方に暮れる試みです。そこで、**幅優先探索**および**深さ優先探索**という方法が採用されます。

木構造のデータを考えてみましょう。深さ優先探索ではまず、当該データの周囲のデータを検索しますが、1つのデータを検索するときに、さらにそのデータに紐付いたデータを深く検索していきます。つまり、検索されたデータに接する未検索のデータのうち、最も出発点のノードから遠いノードを検索し続けます。一方で、幅優先探索とは、当該データの周囲のデータをすべて検索し、さらにその周囲のデータに紐付いた周囲のデータまでを探していきます。つまり、当該データを中心にして、同心円状に広がるようにデータを検索していきます。

一般的に検索アルゴリズムは、検索してしまったデータと、検索していないデータとの境界面において、どのデータを先に検索するか、という問題に帰着します。その境界の検索されていない

ノードに順番を付ける必要があります。そのための評価式は、深さ優先であれば最初のデータからの深さ（遠さ）が、幅であれば浅さ（近さ）が優先されますが、そこにデータの位置と内容に基づいた独自の評価式を導入することで検索の順番を新たに指定することも可能です。これを**最良優先探索**と言います。

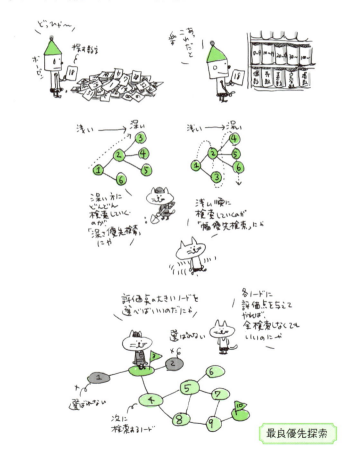

最良優先探索

検索アルゴリズムは、プログラムと人工知能を貫く基本であると同時に、整然とデータを扱う記号的なアルゴリズムの典型を示すものでもあります。プログラムがデータを検索すること、人間が頭の中で想起すること、人工知能が想起することの3つの間の関係を常に考えておくことは、機械、人工知能、人間の知能を比較して考えるための基本となります。

クラウド上の人工知能

クラウドとは、インターネット上の巨大なストレージとその上の豊富な計算パワーを指します。物理的実体というよりは、抽象化された計算リソース、メモリリソースのことを指します。クラウド上の人工知能は、ネットユーザーの動向や、さまざまな消費情報、街のカメラから集めた映像情報、災害情報などをリアルタイムにデータベースに貯蔵し、解析します。そうやって集められたデータから、高い頻度(数秒、時間、1日、1カ月など分野によりさまざま)で状況や性質を抽出し、現実を認識することができます。そしてその認識に基づいて、サービスやサポートを展開することができます。

クラウドは通常のコンピュータをはるかに大きく拡張したものなので、クラウド上の人工知能として巨大な知能を実現できる可能性があります。記憶としてはデータベース、思考としては巨大な計算リソースです。しかし現在は、巨大な計算リソースを用いた知能を実現するというよりは、巨大なデータを解析することに比重が置かれており、これからそこでどのような知能が出現するかが期待されます。

たとえば、街全体を管理する人工知能が考えられます。センシ

ングデータ、監視カメラの情報、衛星からの情報など、街を認識するためのデータを集め、セキュリティやサービスを展開する街そのものの人工知能は、クラウド上で実現されることになります。そのときには、テロなどの脅威に対してセキュリティを強化するために、現在のような「誰もが入れる街」という牧歌的な時代は終わり、街に入るためにセキュリティ・ゲートをくぐらなければ

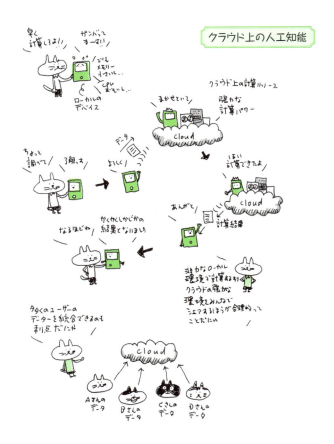

ならなくなるかもしれません。どこに行っても街の人工知能が個々人を追跡しているという全監視システムにおいて、安全は、監視と引き換えとなるのです。

クラウドはまた、現実、インターネット空間、データベースの三者をつなぐ存在でもあります。現実の複雑さを吸収できる巨大なデータベース、卓越した思考、さらにそこから起こるアクションが社会を変える基盤となります。それぞれの街がクラウド上の人工知能を持ち、育成し、運営する時代がくるかもしれません。

実際、現在のロボットはほぼクラウドの人工知能につなぐことを前提としています。かつてのようなスタンドアローン型ではなく、そのバックグラウンドとなるクラウド上の人工知能を前提として学習し、連携します。そのときには、クラウド上の人工知能がロボットを動かしているのか、あるいはクラウド上の人工知能がロボットの知能そのものなのか、といった定義が難しくなります。しかしクラウド上の人工知能は全ロボットの感覚情報を集め、大きな認識を作り、意思決定を行い、ロボットを管理するものとなります。そのとき、ロボットシステムは**分散人工知能**(P.132)となり、クラウド上の人工知能はその中枢としての巨大な人工知能を形成することになります。クラウドAIには、「ビッグAIの時代」を招く力が秘められています。

スパース・モデリング／スパース・コーディング

スパース(sparse)とは「まばらな」という意味です。**スパース・モデリング**とは、対象やデータが「まばら」であることを前提に、モデリングしたり符号化(コーディング)したりすることを言います。対象が「まばら」だというのは、それが大きく見えていても、

実は少数の支配的な要素から成り立っていることを言います。

　たとえば、ビッグデータがたとえどんなに大きく見えていても、極端に言えば100次元のデータに見えていても、ほんとうは10次元のデータに還元できる、という場合、このビッグデータは「まばら」だと言えます。

　スパース・モデリングは、対象が「まばら」であることを前提に解析していきます。逆に言えば、高次元のベクトルの観測データからモデルを構築するには大きなデータを必要としますが、それが「まばら」であれば、少数のデータからモデルを構築することができます。

　ときに、脳の情報処理メカニズムはニューロンと呼ばれる神経細胞で構成されています。我々のさまざまな認識は有限のニュー

スパース・モデリング／スパース・コーディング

「スパース（sparse）」とは
「少しの」「まばらな」という意味だにゃ

元の画像 → 単純なスパースなパーツだけを学習していく → だんだん大きなパーツを学習していく → 最終的に全体として統合する

ディープラーニングなどのスパース・コーディングのイメージだにゃ

ロンの発火によってもたらされます。脳はいくつかのニューロン（やそのまとまり）を単位として組み立てられていると単純化して考えるならば、脳はニューロンを効率的に使っていると予想されます。これもまたスパース・モデリングです。特に、情報をできるだけ少数の要素から表現することを**スパース・コーディング**（スパース符号化）と言います。「まばら」であることは、記憶容量を節約できるということでもあります。

マルコフモデル

　確率過程とは、ある状態からある状態への遷移が確率的に起こる過程を言います。たとえば、毎日スーパーにレタスを買いに行くとします。レタスの値段は上がったり下がったりしますが、昨日レタスの値段が下がったので今日も下がっているかも、と考えることがあるかと思います。これは、前の事象（レタスの値段が下がった）が次の事象（レタスの値段がさらに下がる）に関連があると考えることです。ここに数値を導入して、前の事象は次の事象と75％の確率で関連していると考えることもできます。ある日値段が下がったら、その翌日は75％の確率で下がり、25％の確率で上がる、と考えるわけです。このように、事象の過程を確率的に考えるのが確率過程です。

　確率過程で注意しなければならないのは、実際にそうなっているかどうかは後で考える、ということです。モデルというのはあくまで人間が観測して構築したものですので、とりあえずそのモデルで考えてみる、という態度を尊重します。また、確率は、人間の無知の度合いを示すものでもありますから、モデル化し損なっている要素があることをも示しています。

この確率過程の中で、特に、次の事象が起こる確率は現在の事象にだけ依存する、という制約をつけたモデルを**マルコフモデル**と言います。また、このような性質を**マルコフ性**と言います。そして、マルコフ性を持つ確率過程を**マルコフ過程**と言います。

　マルコフモデルの例を示しましょう。たとえば、その日の夕方の雲の形で次の日の天気を予想するとします。これが、前の日の雲の形や、その前の日の雲の形まで関係すると考えるとしたら、

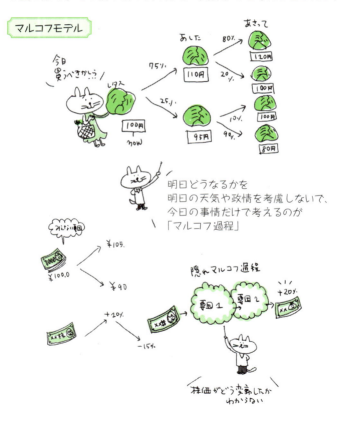

それはマルコフモデルではありません。そこまで過去のことは考えなくていい、というのがマルコフモデルです。マルコフ性を持つ確率過程(=マルコフ過程)は現実に実にたくさん存在します。

隠れマルコフモデル

確率過程において、それぞれの事象は直接観測できなくても、その出力だけは観測できる、という場合があります。このような、観測されない状態を持つ**マルコフ過程**を**隠れマルコフ過程**と言います。

たとえば、ある銘柄の株価を考えます。その変動の要素はわかりません。しかしその要素は、株価を出力とする確率分布を持っているとします。そして、そのような要素がさらに2つあるとします。このとき、これら三者の間の遷移確率が決まっているならば、三者の遷移から最終的な株価が決定されると考えられます。つまり、株価の変動という現象の背後に、それを出力している隠れた確率過程があると考えるわけです。このような考え方を**隠れマルコフモデル**と言います。各要素の直接の正体はわかりませんが、出力がわかっているわけですから、そこから実際の隠れマルコフモデルをつきとめていきます。

たとえば、レタスの値段の記録を毎日つけるとします。変動するグラフができ上がり、その背後にはいくつかの要素があると考えられます。その正体はわかりませんが、「これが隠れマルコフモデルであると仮定すると数学的に4つの要素があると分析できる」というのが隠れマルコフモデルの一般的な使い方です。具体的にそれぞれの要素が天候なのか、何なのかというのは人間の推測に過ぎません。

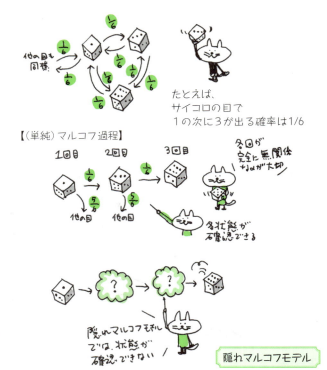

ベイズの定理／ベイジアンネットワーク

ベイズの定理は事後確率に関する定理です。**事後確率**とは、事象Aと事象Bがあり、事象Bが起こったときに事象Aが起こる確率のことを言います。事象Bが起こった条件で事象Aが起こる確率なので、**条件付き確率**の一種です。ところで、逆に事象Aが起こったときに事象Bが起こる確率も考えられます。この2つの確率の関係を結ぶのがベイズの定理です。

実はこの2つの確率の比率は、事象Aが起こる確率と事象Bが起こる確率の比になります。また別の言い方をすれば、「事象Bが起こったときに事象Aが起こる確率に、事象Bの確率を掛けた確率」と、「事情Aが起こったときに事情Bが起こる確率に、事象Aが起こる確率を掛けた確率」は同じ値になります。この2つは実は同じ事象を指しているからです。さらに違う言い方をすれば、事象Bが起こったときに事象Aが起こる確率は、事象Aが起こったときに事象Bが起こる確率に事象Aが起こる確率を掛けて、事象Bの確率で割ったものに等しくなります。

ここで、「朝、芝生が濡れているのを発見する」という事象と「夜中に雨が降る」という2つの事象を考えてみましょう。芝生が濡れているのを発見したときに夜中に雨が降った確率、逆に夜中に雨が降ったときに芝生が濡れる確率が事後確率です。芝生が濡れているなら雨が降ったに決まっていると考えるなら確率は100%ですが、実際はスプリンクラーや朝早く水を撒いた人が存在するかもしれません。そこで、その確率は60%だとしましょう。逆に、雨が降ったら芝生が濡れるのはあたりまえだと思えばこれも100%ですが、実際は朝までに乾くこともあるし、たまたま風向きの加減で濡れないことがあるかもしれません。ですから80%としましょう。雨が降る確率を30%、芝生が濡れる確率を40%とすると、次の等式が成り立ちます。これがベイズの定理です。

芝生が濡れているときに雨が降った確率(60%) ＝

　　雨が降ったときに芝生が濡れている確率(80%) ×

　　雨が降る確率(30%) ÷ 芝生が濡れる確率(40%)

ベイズの定理は、このように、何かが起こったときにその原因となる事象の確率をモデル化するものです。事故や故障が起こったときに、その原因を追究する方法として応用されています。

ベイジアンネットワークは、複数の事象間の関係をより一般的にグラフで示したもので、矢印が因果関係を表し、矢印に付いた値が事後確率を表します。

> ベイズの定理／ベイジアンネットワーク

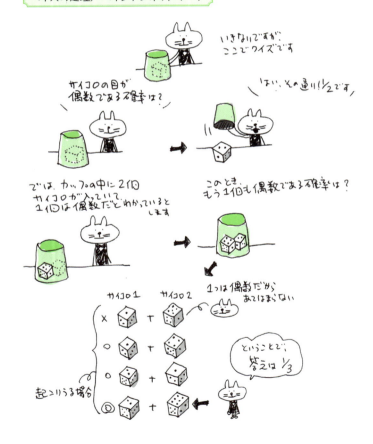

第7章 ゲームの中の人工知能

ゲームAI

　人工知能の発展の最も大きな流れの一つは「人間のように、現実世界を解釈して、意思決定をし、運動する」知能を実現することです。そのために必要な人工知能の基礎は「知識形成、意思決定、運動形成」の3段階です。クロード・シャノンは1950年代に30cm四方の小さな迷路を解く「迷路探索機」を作りました。これは木製のマウス（ネズミ）で、入口から出口へ進み、解けない場合は入口に帰ってくる、というものでした。マウスは迷路を「認識」し、経路を「意思決定」し、実際の運動を「行動形成」します。これは1970年代後期から「マイクロマウス」という競技になっています。また1990年代前半にはロボットによる競技会「ロボカップ」が開始され、その中でチームでサッカーを争う「ロボカップサッカー」が始まりました。リアルなロボットを使うリーグと、バーチャルなシミュレーションを使うリーグがあります。さらに近年では、実際のサッカーやカーリングのデータからAIを再構築する研究への広がりもあります。

　現実世界は多様な側面を持ち、人工知能が活躍するにはいくつかの難しい問題があります。**シンボルグラウンディング問題**（P.180）、**知識表現**（P.150）の問題、**フレーム問題**（P.177）、**心身問題**（P.178）などです。これらは古典的な人工知能の発展の中で発見された問題でした。現実に向かおうとする人工知能は、これまで見えもしなかった未知の問題を足元深いところに発見するのです。そこで、ゲームという限られた状況の箱庭の中に人工知能を閉じ込めて問題に直面させることで、人工知能を進化させようという発想が生まれました。この分野を**ゲームAI**と呼びます。ゲームAIには、チェス・将棋・囲碁・バックギャモンのような「ボ

ードゲームの人工知能」と、「デジタルゲームの人工知能」があります。この大きな二つの潮流に加えて、最近では、会話をメインとする「人狼」というゲームの人工知能である**人狼知能**(P.119)という新しい流れもあります。また「コントラクトブリッジ」「大富豪」などのカードゲームの人工知能の研究もあります。

1960年代にチェスなどボードゲームの人工知能の研究が始まります。ボードゲームの多くは対称ゲームで、すべてのプレイヤーが同じ条件のもとで戦います。そこでは常に、人間のプレイヤーの代わりとなる人工知能の開発が目標となります。ですから、人工知能がプロ棋士に勝てるのか、人間で言えば段位はどれくらいか、といった点が主な基準となります。

1970年代にはテレビゲームが一般家庭にも入ってくるようになりますが、当時はゲーム全体の仕掛けの一部としてゲーム内を動くキャラクターのことを人工知能と呼んでいました。テレビゲームの人工知能は、プレイヤーがキャラクターを倒しながら進むという非対称ゲームの発展を促しました。テレビゲームの人工知能については、キャラクターとしてどれくらい人間らしいか、あるいはプレイヤーを楽しませることができるか、といった点が基準となります。なお、テレビゲームのAIの研究が本格的に始まるのは1990年代後半からになります。

将棋やチェスの特徴として、離散空間(マスが区切られている)、離散時間(ターン制)、**完全情報**(すべての情報が公開記述されている、P.121)が挙げられます。つまり、ある瞬間におけるゲームの局面(ゲーム状態)は完全に記述することができます。プレイヤーがある手を選ぶことで次のゲーム状態へと遷移しますが、可能なゲーム状態の変化を記述したものを**ゲームツリー**と呼びます。

ボードゲームの人工知能は次のステップから成り立ちます。

1. 局面を認識し、
2. 局面が最も良くなる手（最善手）をゲームツリーの中から選択する意思決定をし、
3. 駒を動かす「行動生成」を行う。

もしゲームツリーがすべての局面変化を含んでいるなら、完全な意思決定が可能です。実際チェッカーや tic-tac-toe（まるぺけ）は完全に解かれたゲームです。しかしゲーム状態の数は、将棋では10の220乗、囲碁では10の360乗ですから、すべての状態を考慮することは実際問題としてできません。そこで、勝率の高い局面だけを効率的に選択する「探索」「局面評価」の技術が必要で、過去の棋譜を「学習」することで精度が高められます。しかし2006年以降、囲碁では「一手を選んだら、その後はある程度ラン

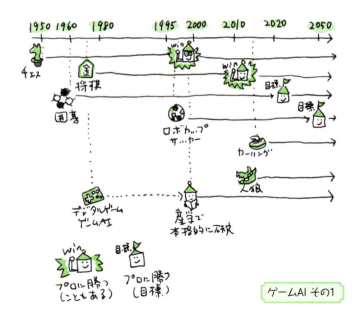

ゲームAI その1

ダムに終局までゲームプレイを繰り返して勝率を計算する」**モンテカルロ木探索**(P.126)が主流となり、一気に研究が前進します。そして2016年には**AlphaGo**(P.70)が韓国のトッププロ棋士に勝利し、それまでの囲碁AIのレベルを大きく超えて飛躍的に向上させました。将棋では、**ボナンザ法**という、評価関数のパラメータ自体を自己学習する方法がブレイクスルーとなります。「将棋電脳戦」で観られるようにコンピュータがプロ棋士を打ち負かすまでになっています。他に、プレイヤーの認知プロセスの研究や、棋譜からの打ち手の個性の学習(かつてのプロ棋士を再現する)、相手を楽しませる打ち方の研究など、勝敗を超えたところへと研究の広がりを見せています。

デジタルゲームの場合は、アクションゲームを考えてみれば、現実と似た連続空間、連続時間、**不完全情報**(P.121)が特徴として挙げられます。ゲーム内のキャラクターは自分の周囲の状況を「認識」し、攻撃、逃走、防御などの「意思決定」をし、それに従って自分の身体を動かす「行動形成」を行います。なお、デジタルゲームの描画フレームは1秒あたり30回、あるいは60回という頻度で更新されます(この頻度を**フレームレート**と言います)。そのため、人工知能の更新はフレームレートに同期して行われるのが普通です。

連続時空間では行動の可能性が無限にあるので、与えられた環境と役割に応じて「行動を創造していく」ことがデジタルゲームAIの基本となります。その基礎となるのが「環境認識」で、どの空間を移動できるか、その空間や空間内の物体をどのように利用できるかといったことが重要になります。たとえば**経路検索**という技術を使って、目的に向かう複雑な道筋を見つけ出します。

デジタルゲームAIの意思決定は大きく、「プレイヤーがきたら

近づく」といった反射型か、「プレイヤーチームを罠のある場所に追い込む」といった目的(ゴール)型に分類されます。いずれにせよ、意思決定に合わせて、身体のモーションデータを組み合わせて、走る、ジャンプする、剣を振るなどの複合的な動きを生成します。デジタルゲームはエンターテインメントですので、「このキャラクターにはこんな知性がある！」と思わせる多様な体験をプレイヤーに与えることが目的ですが、現在はその基礎理論が構築されつ

まわりの状況（影響マップ）を
理解して、判断、行動するのが
ゲームAI

つある段階にあります。キャラクター以外の分野としては、ゲーム全体の流れをコントロールする**メタAI**や、ゲームを自動生成する**プロシージャル技術**があります。

「人狼」は会話によって村人に紛れた狼を見つけるゲームですが、そのプレイヤーの代わりとなる人狼知能は、会話の流れを「認識」し、発言内容を「意思決定」し、実際の会話を「生成」することから成ります。そこには、会話から情報を抽出して推論すること、会話によって流れを誘導することなど、新しい課題が含まれています。現在はコンピュータ内のテキストによる会話が研究対象となっていますが、いずれは現実の場でロボットが人間の音声や表情、身振りを読み取りながら会話で人間を出し抜く、といった方向へ向かって研究が進められています。

ゲームAIはこのようにそれぞれのゲームで勝つこと、適応することが目標となっていますが、同時にその研究は、対象とする世界を「認識」と「行動」のサイクルによって明らかにすることを目指しています。

人狼知能

人狼(じんろう)は会話だけからなる**不完全情報ゲーム**（ゲームの全情報がプレイヤーに明かされているわけではないゲーム、P.121）です。プレイヤーの中に狼が紛れ込んでおり、村人陣営と狼陣営に分かれていますが、村人には誰が狼なのかわかりません。毎日、昼に一人、全員の合意のもとに処刑され、夜に一人、狼に食べられます。狼が全員死ぬと村人側の勝利で、村人と狼が同数になれば狼側の勝利となります。プレイヤーたちは、全員の言動から、それぞれの正体を推論します。自分の正体は、最初に配られる

カードによって決まりますが、これは秘匿情報で、自分しか知りません。ですので、非対称なゲーム（プレイヤーによって情報に偏りがある）でもあります。**人狼知能**とは、このゲームのプレイヤーの代わりとなる人工知能です。

　人狼知能は自然言語処理のみならず、会話生成、推論、ジェスチャー認識など、多岐にわたる人工知能的な課題を内包しており、研究は東京大学、筑波大学、電気通信大学、静岡大学、東京工

人狼知能

芸大学、広島市立大学など、複数の大学が連携したグループによって進められています。オープンなプロジェクトを目指しており、ソースコード、フレームワークの解説が人狼知能サイトで公開されています。

人狼BBSなどのログ情報の解析から研究は出発し（2012年）、その後段階的に行われており、学習によって人狼知能が人狼の戦略を自ら見出したという報告もされています。2015年には、テキストのやり取りによる対戦環境が開発され公開されました。中央にサーバーがあり、プレイヤーであるクライアントがそれぞれにサーバーとやり取りするシステムで、発言の順番はサーバーがコントロールします。今後の展望としては、音声や身振りの解析までを含めた総合的な研究を進め、人間と対面して勝負できるロボットが目指されています。

人狼知能が着目されているのは、一つには、ポスト囲碁AI、ポスト将棋AIとなる人工知能の目標を定める時期にきているからです。もう一つの理由は、人狼知能が内包するテーマの豊かさにあります。そこには良くも悪くも対人関係における多くの要素が含まれています。

完全情報ゲーム／不完全情報ゲーム

ゲームは人工知能と深い関係にあります。人工知能は最初から今のような姿だったのではなく、60年前には本当にコンセプトのようなものから出発しました。それを具体的に進めるには、より具体的な問題を与えることが必要です。しかしいきなり現実という無限の自由度を持つ世界を解釈することはできません。そこでまず箱庭の中のゲームから出発して、その箱庭を徐々に大きく

複雑にしていくことで、人工知能を鍛えていくのです。

そんなゲームの中でも、**完全情報ゲーム**とは、ゲームの全情報がプレイヤーから見えているゲームのことを言います。将棋、チェス、囲碁、チェッカー、バックギャモンなどはこれに属します。逆に、麻雀、トランプのババ抜き、**人狼**(P.119)などは、プレイヤーから一部の情報が隠されています。このようなゲームのことを**不完全情報ゲーム**と言います。

人工知能におけるゲームの研究は、まず完全情報ゲームを主なターゲットとしました。完全情報のゲームは確実な情報から思考を出発できる、という特徴があります。つまり純粋な思考の研究に集中できます。ゲームの中でも、そのゲームが持つ最大の手数が少ないものから解かれていきました。「解く」という意味は、そのゲームの必勝法か、すべての手順が知られることを言います。もう一つの基準は、そのゲームで人間に勝てるようになることです。チェッカー、バックギャモン、チェスは次第に解かれていきましたが、将棋は2015年に情報処理学会から「コンピュータ将棋プロジェクトの終了宣言」がなされ、続いて2016年には囲碁で人間のチャンピオンを打ち負かすに至りました。つまり、完全情報ゲームの人工知能研究は終焉に近づいているのです。

一方、不完全情報ゲームは、不確実な知識に基づく推論が必要になります。言い換えれば、確率に基づく思考です。それは完全情報ゲームとは違った側面を持ち、この二つが明確に区別される理由です。また、デジタルゲームのアクションゲームもまた不完全情報だと言えます。ゲームのルール、たとえばジャンプの軌道などのパラメータがプレイヤーに明示的に明かされていないからです。また現実における経済を不完全情報ゲームと見なすのが、**ゲーム理論**(P.124)です。

第7章 ゲームの中の人工知能

将棋やチェスのようなゲームは
「二人零和有限確定完全情報ゲーム」
と呼ばれる

相手の情報がわからない
トランプゲームなんかも
不完全情報ゲーム

完全情報ゲーム／不完全情報ゲーム

ゲーム理論／囚人のジレンマ

ゲーム理論とは、フランスの数学者エミール・ボレアが1921年に提案した理論で、ある事案に対して、相手との敵対と協調のバランスを数理的に求めるための理論です。構造が簡単なわりに実用に足る結果が得られるため、特に経済学の世界で盛んに研究されています。

囚人のジレンマはゲーム理論の代表的なモデルで、以下のような条件下で、2人の囚人が協調するか裏切るかのどちらが合理的であるかを数理的に判断します。

> 一緒に銀行強盗を働いたあなたと相棒は、とうとう捕まってしまいました。二人はそれぞれ独房に投獄されました。
>
> 捕まる前、二人は捕まっても黙秘しようと約束しました。
>
> そこで取調官は、二人を個別に呼んで、こう持ちかけました。
>
> 「もし、君たち二人とも黙秘なら、二人とも懲役2年だ。逆に、二人とも自白したら、二人とも懲役5年だ。ただ、一方が黙秘でもう一方が自白した場合は、自白したほうは釈放、黙秘したほうは懲役10年とする」

場合分けするとこうなります。

- 囚人A＝黙秘、囚人B＝黙秘　なら　ともに懲役2年
- 囚人A＝自白、囚人B＝自白　なら　ともに懲役5年
- 囚人A＝黙秘、囚人B＝自白　なら　囚人A＝懲役10年、囚人B＝釈放
- 囚人A＝自白、囚人B＝黙秘　なら　囚人A＝釈放、囚人B＝懲役10年

二人の利益を考えると、黙秘つまり「協調」するのがよいと言

第7章 ゲームの中の人工知能

> ゲーム理論／囚人のジレンマ

刑事が共犯で捕まった囚人A,Bに取引を持ちかけた

2人とも黙秘なら、2人とも懲役2年

一方だけが自白したら
- 自白した者…釈放
- 黙秘した者…懲役10年

2人とも自白した場合は、2人とも懲役5年

どっちが得だろう？

うらぎる（自白）すべきか、協調（黙秘）すべきか…

2人は相談できないのだ

ということで自白の方が得ってことだにゃ

はい！やりました！

えます(懲役2年で済む)。しかし自分の利益のみを考えると自白つまり「裏切る」ほうが得に見えます(釈放になる可能性があるため)。果たしてどちらが本当に得策か、これが囚人のジレンマです。

モンテカルロ木探索

モンテカルロ木探索(Monte Carlo Tree Search、**MCTS**)とは、2006年にフランスのレミ・クーロンによって発見された探索手法です。

モンテカルロ・シミュレーションと言えば、乱数によるシミュレーションのことを言います。たとえば、バーチャル空間に設計した遊園地の来場者が最初にどのアトラクションに向かうかを乱数で決定し、どのような人の流れになるかを予測するシミュレーションがこれにあたります。

しかしMCTSは、モンテカルロ・シミュレーションとは異なります。MCTSでは、まず複数の選択肢のそれぞれを同じ回数だけシミュレーションして、それぞれの選択肢にどれくらいの効用があるかを調査します。そのうち特に効用が大きかったものに、より大きなシミュレーション回数を割り振ります。このときのアルゴリズムを**UCB**(Upper Confidence Bound)と言います。たとえば、3種類のスロットマシンA、B、Cがあったとします。最初は3台とも10回プレイします。その結果A、B、Cのそれぞれから100コイン、50コイン、200コインが出たとすると、次はC、A、Bの順番に試行回数を増やします。そのときに、回数の比をどの程度にすればよいかをUCBが計算してくれます。

MCTSを一躍有名にしたのが、**Crazy Stone**という囲碁AIプログラムでした。一手を選んだらその後はある程度ランダムに終

第7章 ゲームの中の人工知能

モンテカルロ木探索

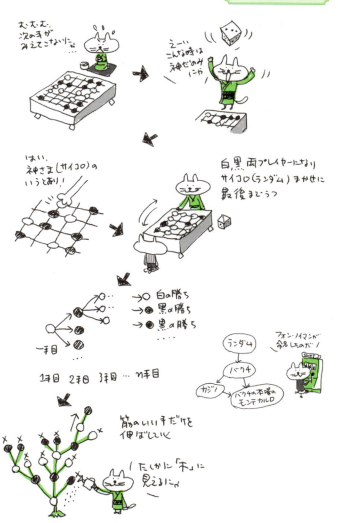

局までゲームプレイを繰り返して勝率を計算する、というMCTSを採用していたからです。Crazy Stoneの戦歴は輝かしいもので、「第11回コンピュータオリンピアード囲碁部門九路盤」(2006年)、「第1回UEC杯コンピュータ囲碁大会」(2007年)、「第2回UEC杯コンピュータ囲碁大会」(2008年)、「第6回UEC杯コンピュータ囲碁大会」(2013年)で優勝しています。Crazy Stone以後、MCTSは囲碁AIのデファクトスタンダードとなりました。MCTSを採用した各種囲碁AI間の差異は、「ランダムに打つ」というところをどれくらい知能化するかにあります。あまりに賢くすると意外性のある手を見落とし、乱数のままで打つと計算量が多くなります。

囲碁AIはMCTS発見後の半年で10年分進歩した、と言われています。2015年の**AlphaGo**(P.70)でも採用されています。また最近ではリアルタイムストラテジーゲームでも使われるなど、ゲーム産業での応用が増えつつあります。

第 **8** 章

人工知能の
さまざまなかたち

エージェント指向

　ある役割や目的を与えられた人工知能を**エージェント**と言います。**エージェント指向**とは、大きな人工知能マシンを作るのではなく、個々の人工知能に役割と目的を分散する設計のことです。特に、エージェント同士を協調させることで機能を実現させようとする手法を**マルチエージェント**（P.136）と言います。

　たとえば今、ロボットが運営するみたらし団子屋を考えます。粉をこねるエージェント、こねた粉を冷やして団子にするエージェント、タレをつけて店頭に並べるエージェントのように機能ごとにエージェントを作成し、協調あるいは並列させるのがマルチエージェント指向です。

　エージェントはある目的を果たすために作られる人工知能です。

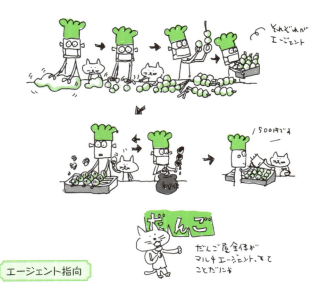

エージェント指向

それゆえに大型の複雑な人工知能ではなく、小型の人工知能となる傾向にあります。大型になる場合には、目的を細分化し、エージェントの協調によって問題を解くことが優先されます。

エージェント指向は1990年代、インターネットの発展と同期して、Webエージェントという形で一つの研究の流れとなっていきます。また、デジタルゲームの敵キャラクターもときにエージェントと呼ばれます。敵キャラクターは、「プレイヤーの邪魔をする」「プレイヤーを誘導する」など、一定の目的を持った人工知能だからです。

知識指向

知識指向とは、知識を積み重ねることで高度な知能を作ろうとするアプローチを言います。知識の形は**知識表現**(P.150)と呼ばれます。知識表現がルールの形をしていれば、その人工知能は**エキスパートシステム**(P.73)と呼ばれます。

エキスパートシステムは、ルールの形で膨大な知識を蓄積します。たとえば、内科診断の知識をルールにすることで人工知能に診断を代替させようとするアプローチが挙げられます。知識指向は1980年代を通じて流行しましたが、当時はまだインターネットが普及していなかったため、知識源はすべて人間の手に頼っていました。そのため、学習に限界がありました。2000年代以降になるとインターネット上のWikipediaや無数の文章が学習のリソースとなり、劇的な変化を遂げます。2010年代の知識指向の代表は**IBM Watson**(P.68)です。IBM Watsonは世界中のWikipediaを学習して独自のデータベースを形成し、経験を持つエキスパートとして人間の作業を補助します。

分散人工知能

1つの大きな人工知能を作る中央集権的な人工知能に対して、小さな機能を持った人工知能を組み合わせることで、結果として大きな機能を実現させようとする人工知能を**分散人工知能**と言います。**マルチエージェント**（P.136）と似ていますが、エージェントほどの自律性は要求されず、単一の機能を持つ人工知能を組み合わせることが想定されています。この手法の優れているところは、用途に応じて人工知能同士の組み合わせを変えることで、複数の機能を実現し、全体として柔軟な人工知能システムを作

第8章 人工知能のさまざまなかたち

れるところにあります。

　人工知能同士の協調の方法はさまざまで、次のようなものがあります。

　　❏ 人工知能同士が直接コミュニケーションする方法
　　❏ 人工知能同士が情報や命令を書き込むブラックボードを中央に用意するブラックボード・アーキテクチャ（間接的な協調）

❑ 人工知能同士の協調を調整する特別な人工知能（ファシリテーターと呼ばれる）を置く方法

いかに少数の人工知能群からいかに多様な人工知能を創発できるかが分散人工知能のロマンであり、さまざまな実験が繰り返されています。分散人工知能は、人工知能の化学と言ってもいいでしょう。

サブサンプション・アーキテクチャ

サブサンプション・アーキテクチャとは、1987年にマサチューセッツ工科大学のロドニー・ブルックスによって提唱された、人工知能のための新しいアーキテクチャです。**包摂アーキテクチャ**、**包含アーキテクチャ**とも呼ばれます。

それまでの人工知能では、ある1箇所に収集した情報を解析することで意思決定を行うという中央集権的な方法が主流でした。この方法は、データマイニングなど、解析に時間をかけてかまわないケースはともかく、リアルタイムに身体を動作させるロボットやゲームキャラクターには適していません。そこで登場するのがサブサンプション・アーキテクチャです。

このアーキテクチャでは、まず、センサーと局所的な身体の直接的な結び付きを優先します。人間でも、視覚刺激を受けることで直接、身体に反射的な運動が起こることがあります。たとえば、ボールが飛んできたら避ける、といった結び付きです。こういった反射的な知能を第1層として実装します。

次に、この第1層を包み込むように第2層を構成します。第2層の役割は、第1層を抑制して、より高度な行動を実現することです。たとえば第1層が「敵がきたら逃げる」という反射行動で

第8章 人工知能のさまざまなかたち

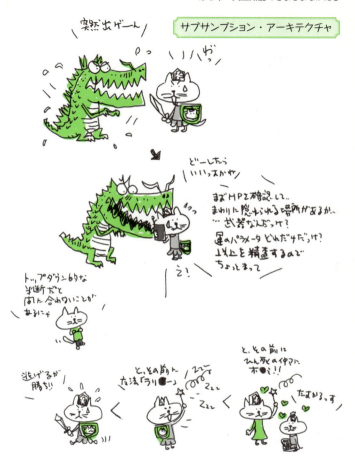

あれば、第2層はとりあえず逃げるのは抑制しておいて、攻撃魔法を敵に打ち込みます。その後、第1層を解放します(つまり逃げます)。

第3層は、さらに第2層を包み込むように作ります。ここでも

やはり第2層を抑制し、別の行動を起こします。「周りの味方が瀕死なら回復魔法をかける」などです。行動し終わったら、同様に第2層を解放します。結果、回復魔法→攻撃魔法→逃走という順に行動が起こります。

このように多段階の行動様式を反射をベースに構築するのがサブサンプション・アーキテクチャで、これは世界と身体と知能とを結ぶアーキテクチャです。

サブサンプション・アーキテクチャは、ロドニー・ブルックスが作ったiRobot社のお掃除ロボット「ルンバ」などに実装されている他、さまざまなロボットの基本アーキテクチャとして採用されています。デジタルゲームの意思決定機構でも利用されています。

マルチエージェント

マルチエージェントは、エージェント同士の協調を前提としたシステムです。それぞれのエージェントはある程度自律して行動しますが、それぞれの役割によって連携します。**分散人工知能**の項（P.132）で説明したように連携の仕方は主に3通りあります。

- エージェント同士がコミュニケーションする方法
- ブラックボードと呼ばれる共有掲示板を通して間接的に状況をやり取りする方法
- ファシリテーターと呼ばれる調整役の人工知能が個々の人工知能とコミュニケーションしながら全体を調整する方法

ロボカップサッカーを例として考えてみましょう。ロボカップサッカーとは自律型のロボットのチーム同士でサッカーをするコンテストです。サッカーフィールドの中で、ロボットはボールを持つと「敵陣に走る」と宣言します。このとき、その前を走って

第8章 人工知能のさまざまなかたち

> マルチエージェント

いるロボットは、センタリングを上げるので「自分にパスをしろ」と宣言します。また、ゴールに近いロボットはゴールに向かって走るので「センタリングを要請する」と宣言します。このような簡単なケースでも、合意までのプロセスはなかなか複雑です。そのためマルチエージェントでは、コミュニケーションのプロトコルと合意プロセスを設計する必要があります。これは上記の3つの方法のいずれかで解決されます。デジタルゲームでサッカーゲームを作る場合は、処理負荷の最も軽いブラックボード型が最も多く採用されます。これだと非同期にエージェントを連携させること

ができます。また、メモリは多く消費しますが、負荷のピークは低く抑えられます。

マルチエージェントは群衆の表現にも適しています。経済活動、交通システム、テーマパークの人の流れの設計など、多数の人間が関与するシステムのシミュレーションに適しています。マルチエージェントは個々の人工知能の自律性と、全体の協調性のせめぎ合いによって柔軟性を獲得します。つまり、個々の人工知能の自律性が高ければ全体の協調性は弱めでもよく、逆に自律性が弱ければ全体の協調性で引き締める必要があります。いわば全体の構造と部分の自律性からなる複雑系であり、蟻や魚の群れといった自然の集団のシミュレーションにおいても多く応用例が見られます。

マルチエージェントは、連携によって全体として現れる新しい知能、つまり集団によってしか現れない知能の研究です。ボトムアップ型の研究によって、さまざまな新しい人工知能の発見が待たれています。

第9章 おしゃべりをする人工知能

自動会話システム

　言葉を操ることは、人間の最も特徴的な行動です。**自動会話システム**は、言葉に知能の本質を見ようとする西欧では特に強く推進されている分野です。

　文章による会話であれば、相手の発言をまず文に分けて、さらに単語、助詞などへと分解します。それぞれの部位への分解は独立した過程ですので、**分散人工知能**（P.132）のような、複数の人工知能が連係するシステムが受け持ちます。逆に適切な型の文を作成するときには、文章の型を用いたり、あるいは文章を生成する人工知能に記憶スタック上の単語を与えて返答を形成します。他に、会話のデータベースから会話のコンテクスト（流れ、文脈）を学習して、自然な応答文を選択する場合もあります。音声の場合は、音声認識や音声合成を含むシステムとなります。音声認識では、与えられた音を音素に分け、対応する単語を推測していきます。

　会話するAIには、知識がある場合とない場合があります。知識ありの場合は、インターネット上の文章群（コーパス）や学習用データベースから知識を抽出して、その知識を巨大なデータとして持っておき、それを会話の中で用います。知識なしの場合は、その場の会話の流れと話題に応じた返答を行います。

　いずれにしろ、人工知能が最も苦手とするのは「会話の流れ」です。一つ前のセリフに対する自然な応答はそれなりにできます。たとえば「リンゴは好き？」と聞かれれば、「好き。君は葡萄が好き？」などと応えられます。しかし会話全体となると、会話の流れを読む必要が生じます。特に省略の多い日常会話では、自動会話システムの質を保つのは困難です。仮に省略のない会話が

第9章 おしゃべりをする人工知能

自動会話システム

あるとしても、そもそも会話というものの中で語られない前提があります。会話をする主体の背景です。二人は学生である、今は冬である、選挙が来週ある、などなど。実際の会話は、言外にあるさまざまな状況に支えられて成り立っています。しかし人工知能に見えるのは実際に発せられた言葉だけなので、会話の

141

流れをつかむことがそもそも不可能だ、ということも少なくありません。そこで最近の自動会話システムは、TwitterやLineなど、字数や状況が限定された場に焦点を当てています。会話の場を限定することで、会話の流れが読めないことに起因する不自然さを回避しつつ、その性能をアピールする手法がよく用いられます。

人工無能

　「人工知能」という言葉は、完全な知能であるような印象を人に与えます。**人工無能**（または**人工無脳**）は、知能がないという意味ではなく、人工知能ではあるものの、如実にその不完全さが表れている人工知能のことを言います。また、その中身について、実際に人工知能技術が用いられているか否かは問題になりません。人工知能技術によって目指そうとして実現できていない領域に対して、表面上それらしい装いをプログラムされたソフトウェアを人工無能と言います。

　その出発点となったのは会話ボットです。会話は人工知能の中でも最も難しい領域であると同時に、どんなユーザーでもでき上がった人工知能を試すことができます。そのような領域は人工無能の対象になりやすいと言えます。人工無能の会話ボットとの会話は、たいていの場合、ごく限られたやり取りしか成り立ちません。RPGゲームには何度話しかけても同じことしか言わないキャラクターがいますが、これも人工無能の一種です。人工無能の楽しみ方とは、人工知能が目指そうとして実現できていない効果を、最初から成り立たないことを前提に楽しむところにあります。

　我々人間は、人工知能が人間の知能を凌駕するのではないかという、期待と不安が入り混じった気持ちを抱きます。しかし、

第9章 おしゃべりをする人工知能

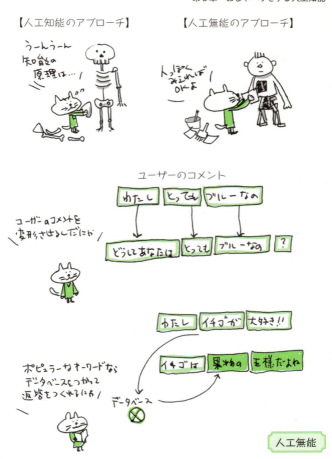

人間を目指そうとしているように見えるもののまったく到達できていない人工無能には、安らぎと愛嬌を感じます。人工無能は、人工知能に対してセンシティブな人間の心理を緩和する役割を担っています。

オントロジー

オントロジーとは、概念の体系のことです。たとえば車を考えてみましょう。自転車もあれば三輪車もあり、エンジンのついた自動車もあれば、人が自分で動かす車もあります。これらはすべて概念です。タイヤもまた概念であり、そのタイヤの数も概念です。しかし、そういった概念には序列があります。車が最も大きな概念であるとすれば、二輪車がその下にある概念で、その下に自転車やオートバイがあります。また車の下には四輪車があり、四輪車の下には自動車、子供用のおもちゃの車、乳母車などがあります。このような概念の階層構造のことをオントロジーと言います。オントロジーは、概念を理解する人工知能にとって欠かせないものです。

人工知能は、その歴史を振り返ると、情報を扱う知能体として出発しました。そして、人間が扱う概念を扱えるように進化してきました。バイナリーデータ（0と1から成るデータ）から記号へ、記号から言葉へ、そして言葉から概念へと、認識の領域を広げてきたのです。これはつまり、人工知能をより人間の側に引き上げようとする試みです。

オントロジーは分野ごとにあります。車、法律、野球、料理など、人間は分野ごとに実に豊かな概念体系を持っています。これらの概念体系はどれも、人間によって記述することが可能です。オントロジーの階層関係を記述してデータとして人工知能に与えれば、それを使って人工知能はより高次の概念を扱えるようになります。ハトもカモメも「鳥」であり、リンゴもオレンジも「果物」であり、「果物」は「食べ物」である、という具体です。人工知能が概念そのものを理解できるか否かは難しい問題ですが、概念の

第9章 おしゃべりをする人工知能

オントロジー

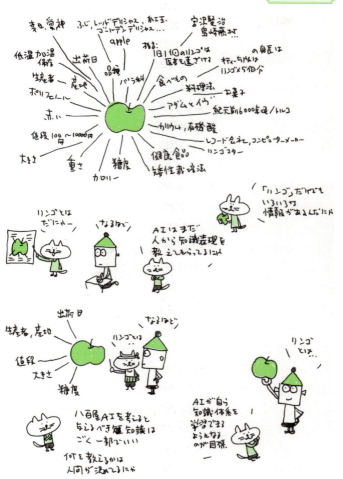

体系を理解することは可能であり、それは人工知能にとって大きな前進です。

セマンティック

セマンティックとは、「意味的な」という意味の語です。たとえば、Web上にある文章を人工知能が扱うときに、単なる記号の集まりと見るのか、そこに意味を見出すのか、という違いがあります。使い方としては、文章を意味的に捉えて解析することを「セマンティック解析」と表現できます。

セマンティック・ネットワーク（**意味ネットワーク**）というのは、さまざまな概念を関係に基づいてリンクさせたグラフ構造です。たとえば「馬」と「動物」という2つの概念の間には、「馬は動物である」すなわち「馬is-a動物」という関係があります。つまり、「馬」と「動物」の間には「is-a」関係があり、両者はこの関係によってリンクされます。また、「馬には脚がある」すなわち「馬has-a脚」と言えるので、「馬」と「脚」の間には「has-a」関係があり、両者はこの「has-a」関係でリンクされます。

セマンティックWebというのは、さまざまな技術によって、Webページの意味をコンピュータが扱えるようにしよう、という構想です。セマンティックWebが実現すれば、人工知能はそこから、これまで以上に多くの知識を学習できるようになるでしょう。

第9章 おしゃべりをする人工知能

> セマンティック

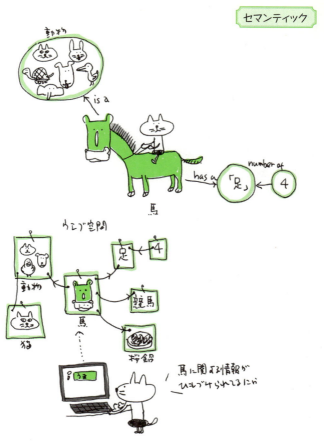

セマンティックWeb

LDA

その昔、サイコロを振って話題(トピック)を決めるという人気のテレビ番組がありました。**LDA**(Latent Dirichlet Allocation、**潜在的ディリクレ配分法**)は、そのようにサイコロを振って(確率的に)文章を作るモデルです。

ただし、話題を決めるだけでは不十分なので、サイコロをもう1つ用意します。2つ目のサイコロには、その話題でよく使われる言葉が書いてあります。たとえば、最初の話題を決めるサイコロの各面には「サッカー」「政治」「料理」「旅行」「科学」「学校」と書かれているとします。2つ目のサイコロは、これらの話題のそれぞれのために、計6つ用意します。たとえばサッカー専用のサイコロには、「キック」「ゴール」「勝利」「チーム」「サポーター」「ボール」といった、サッカーにまつわる言葉が書かれているでしょう。

このようにサイコロを2つ用意したら、まず、最初のサイコロをたとえば3回振って、話題を3つ決めます。続いて、それぞれの話題に専用のサイコロを1回ずつ振って、言葉を出します。こうして選ばれた言葉を使って文章を作っていく、というのがLDAです。

ただし、6面のサイコロでは精密な文章は作れません。そこで、実際にはもっとずっと多くの面を持つサイコロを想定します。さらに、各面の出る確率は均等でなくてもかまいません。好きなように設定します。このようなサイコロで上記の手順を実行することで、より精密な文章を構築できます。

この理論の背景には、1つの文章には同一の話題にまつわる言葉が多数含まれている、という仮定があります。つまり、サッカーという話題であれば、サッカーにまつわる一連の言葉が高い確

第9章 おしゃべりをする人工知能

LDA

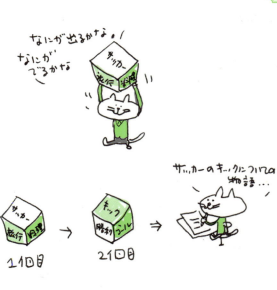

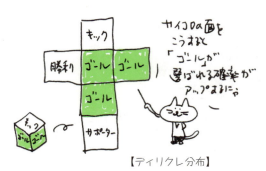

【ディリクレ分布】

率で現れるはずです。ですから、話題を決めれば言葉がある程度決まります。逆に、言葉の集合が与えられたとき、それらがどの話題のものであるかを確率的に決めることもできます。

LDAは、このような仮定をもとに組み上げられたモデルで、このモデルを使って文章を解析、学習、生成することができます。

知識表現

知識表現は人工知能の最も基本的な概念で、人工知能が持つ知識の形を規定することを意味します。知識の形はさまざまで、どのような形を採用するかで、その人工知能の基本構造が決まります。

知識表現はまた、世界と人工知能との間を取り持つ情報体です。これは**フレーム問題**（P.177）、**シンボルグラウンディング問題**

(P.180)とも密接な関係を持ちますが、人工知能は、人から与えられた知識表現がなければ知識を獲得することができません。

これまで、どのような知識表現を用意すれば、どのような知能が実現できるかが積極的に研究されてきました。リスト構造、ツリー構造、ネットワーク構造、さらにさまざまな形式の知識表現が、さまざまな人工知能を生んできたという歴史があります。

知識表現は、プログラムと人工知能との架け橋でもあります。知識表現が規定されれば、プログラム上のデータ構造を決定できます。そして、データ構造が決まれば、それを使うプログラムの挙動を定義できます。この挙動が人工知能の振る舞いとなります。

デジタルゲームにおいても知識表現は重要です。ゲーム内の人工知能もやはり、知識表現がなければゲーム世界を理解できないのです。ゲーム開発の歴史においても、さまざまな形の知識表現が考案されてきました。

自然言語処理

自然言語処理（Natural Language Processing）は、人工知能に人間の書き言葉・話し言葉を理解させようとする試みです。人工知能は、文章をまず品詞に分解します。これを**形態素解析**と言います。形態素（意味を持つ最小の単位）に分解したら次は**構文解析**を行い、最後に**意味解析**を行って意味を理解します。

人間の言語を人工知能が解釈するのは困難ですが、これまでにさまざまな文章解析手法が開発されてきました。特に最近はインターネットを通じて、文章の膨大なデータベースを集めることができます。このような文章の集積を**コーパス**と言いますが、コーパスから文章の中の言葉同士の相関を学習することで、ある語

に付随するべき言葉が導けるようになります。たとえば、「リンゴ」という語が含まれる文章にはかなりの頻度で「赤い」「甘い」「丸い」といった形容詞が現れます。そのため、「リンゴ」と「赤い」の相関は強い、という事実が統計的に導かれます。

また、自然言語処理は**生成文法**とも密接な関係があります。生成文法は、規則に従って文が生成されていくという理論です。これは、規則を組み合わせることで文章を生成できる可能性を示唆しています。

自然言語によって作られた文章は知能の表出です。文章に内在する知能を見出そうとする行為は、言語を超えた存在を言語から見出そうとする行為でもあります。

自然言語処理

第 10 章

意思決定する人工知能

反射型AI／非反射型AI

人工知能は、**反射型AI**と**非反射型AI**に分類できます。

反射型AIは、環境からのシグナルに応じて行動を行う人工知能です。音が鳴ったら反応する、振動を感じたらジャンプする、人間が近づいたらセリフを喋る、横からイノシシが出てきたら避

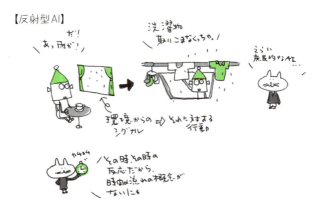

反射型AI／非反射型AI

けるなど、外界の変化に応じて定型的な行動をします。反射型AIに「未来」という概念はなく、あるのは「現在」のみです。

一方の非反射型AIは意思決定を行う、すなわち未来を見据えて行動する人工知能です。目的を持って行動したり、計画を立てて行動したり、シミュレーションしてから行動します。

さまざまな**意思決定アルゴリズム**(P.155)のうち、ルールベース、ステートベース、ビヘイビアベースのものは反射型の意思決定に用いられます。これら以外は非反射型に分類されます。

意思決定アルゴリズム

自分の感覚を持ち、意思決定を行い、行動を生成する人工知能を、**自律型人工知能**と言います。その意思決定で用いられる**意思決定アルゴリズム**は、「〇〇ベース」と呼ばれます。この「〇〇」に入るのは、意思決定の単位となる型です。「ルールベース」と言えば「ルール」を単位とする意思決定の組み方であり、「ゴールベース」と言えば、「ゴール」を単位とする意思決定の組み方を言います。

以下に人工知能で最もよく使われる8つの型を解説しますが、それぞれにはまったく異なる特徴があります。これは、それぞれが、人間が持つ意思決定の特定の部分を抜き出して考案されたものだからです。

ルールベース

ルールベースとは、「もし〜であれば、〜である」という**ルール**に基づいて意思決定を組み上げる方法です。まず複数のルールを用意してリスト化ます。たとえば、次のようなものです。

- ❏ 一番強い相手を選んで、魔法を撃つ。
- ❏ 体力が半分を切れば、回復薬を飲む。
- ❏ 自分が攻撃されたら、攻撃した相手を攻撃する。
- ❏ 味方の体力が10％を切れば、回復薬を飲ませる。

　前半の条件判定が真である場合にのみ、ルールは適用可能です。適用可能なルールが複数ある場合に、ルール群からルールを選択するモジュールを**ルールセレクター**と呼びます。あるいはもっと簡単に、ルールに実行優先度を付けておいて、適用可能なルールの中から最も優先度の高いルールを選んで実行する方法もあります。

ステートベース

　ステートベースとは、人工知能の**ステート**（状態）を基本として組まれた意思決定です。ここで言うステートとは、人工知能がどのようなアクションを取るかというものです。たとえば、「歩く」「休む」「攻撃する」といったステートには、実際に人工知能がそのステートを指定されたときにどのように動くかが定義されています。**ステートマシン**（状態機械）と呼ばれる、複数のステートを遷移条件で結んだグラフが、ステートの遷移管理に最もよく使われます。

ビヘイビアベース

　ビヘイビアとは身体的行動のことです。**ビヘイビアベース**とは、身体的行動を組み合わせて意思決定を組み上げる方法です。ビヘイビアというのはたとえば、「立つ」「剣を振る」「走る」「ジャンプする」といった身体の動きを指します。これらを組み合わせて「立って、剣を振って、ジャンプする」という一連の動きを作るための意思決定をビヘイビアベースと言います。

跳び箱を跳ぶための人工知能を考えてみましょう。この場合、「走って」「ふんばって」「ジャンプして」「手をついて」「手をはたいて」「着地する」という一連の動作によって「跳び箱を跳ぶ」という問題を解決できます。

デジタルゲームでは、**ビヘイビアツリー**と呼ばれる構造がよく使われます。これは、末端のノードがすべてビヘイビアであるツリー状のグラフです。2004年に「Halo2」(Bungie)というゲームのために生み出され、ゲーム業界で最もよく使われる意思決定法となっています。

ゴールベース

ゴールファーストとも言います。**ゴールベース**のAIはまず、最終ゴールを決めるか、与えられるかします。そして、そのゴールを達成するためのプランをAI自身が作ります。

ゴールベースはほとんどの場合、プランニングとセットで用いられます。ゴールを達成するための、操作や行動のシーケンスを作るアルゴリズムの一つに、1980年代にスタンフォード大学で開発された「STRIPS」(Stanford Research Institute Problem Solver)があります。ここから発展した系譜も含めて、**連鎖プランニング**と呼ばれます。デジタルゲームでは、アクションをつなげるプランをリアルタイムに作る必要があるため、**ゴール指向アクションプランニング**(Goal-Oriented Action Planning、GOAP)と呼ばれる手法が用いられます。他に、最終ゴールをさらに小さなゴールに分解していく、**階層型ゴール指向プランニング**と呼ばれる手法もあります。

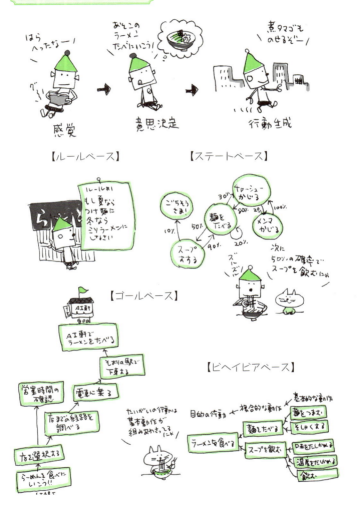

ユーティリティベース

ユーティリティベースの人工知能には、状況によって複数の行動の選択肢が与えられます。あるいは、自ら見出します。どの選択肢を選ぶかは、その行動を取ったときにどれだけの見返りがあるかによって判断されます。この見返りのことを、学術的には**効用（ユーティリティ）**と言います。どれくらいの効用が生じるかを数値化した上で複数の行動を比較することで、最大効用がある行動が選択できます。

タスクベース

タスクベースは、ある問題や目的をタスクに分解して行動を構築する方法です。まず、問題領域を決定し、領域内の対象と領域内で可能な操作を定義します。**タスク**はその問題領域で明確に定義された操作であり、そのタスクの積み重ねによって問題を解決するのがタスクベースです。たとえば積木を組み替える問題であれば、対象は積木であり、操作は積木を「降ろす」「他の積木の上に積む」の2つとなります。この2つの操作を組み合わせて積木を組み替えます。

問題がより複雑な場合はタスクに階層構造を持たせます。問題を大きなタスクに分解し、さらにその大きなタスクを小さなタスクに分解することで問題を解決します。たとえば、「車を作る」というタスクを考えてみましょう。まずは、外枠、エンジン、シートなど、大きな部分を作るタスクに分解されます。さらにそれぞれのタスクは、より小さな部品を組み合わせるタスクに分解できます。そこからさらに詳細なタスクへと分解することもできるでしょう。こういった場合、タスク間には順序構造が設定されます。ねじを締める順番や塗装をする順番です。このようにタスク

を階層的に分解しつつタスクの順序構造を構築する手法を**階層型タスクネットワーク**（Hierarchical Task Network、HTN）と言います。もともとは長期的なプランを構築するアルゴリズムでしたが、デジタルゲームでは、リアルタイムにキャラクターの行動を組み上げるアルゴリズムとして応用されています。

シミュレーションベース

人工知能が解く問題は必ずしも明確にモデル化できるとは限りません。問題が明確に定義できない場合に、何度もシミュレーションを行うことで正解にたどり着く方法を見つけようとするのが、**シミュレーションベース**の人工知能です。経路探索における線形計画法や、囲碁AIで用いられる**モンテカルロ木探索**（P.126）はシミュレーションベースです。

ここで言うシミュレーションとは、人工知能が取り得る行動の組み合わせを、与えられた世界モデルの中でいろいろと実行してみることを意味します。これはつまり、行動とその結果を、人工知能が頭の中でイメージしていることに相当します。つまりシミュレーションとは、人工知能の「想像」だと言えます。

ケースベース

ケースベースとは、ケース（事例）を参考に意思決定する方法です。過去の自分の状況と行動、およびその結果を覚えておくことで、次によく似た状況に出会ったときにその記憶をもとに意思決定を行います。**ケースベースドラーニング**とは、事例を集めてその解析から意思決定に必要なシステムを構築する学習法のことで、人工知能の一つの大きな流れとなっています。たとえば、F1のサーキットでうまくヘアピンカーブを曲がれたときの経験を

第10章 意思決定する人工知能

覚えておけば、別のコースのヘアピンカーブでも、その経験をもとにうまく行動することができます。

第11章

生物を模倣する人工知能

ボイド

　行進するアリや泳ぐ魚、空を飛ぶ鳥、草原を走るバッファローなどの群れの動きはとても複雑に見えます。きっと彼らなりに複雑な判断や行動をしているんだろうと思ってしまいます。ところが、こうした群れの振る舞いが実は非常に簡単なルールでできあがっている、少なくとも非常に簡単なルールで再現できることが明らかになっています。

　「複雑さとは単純さの集まりである」という名言がありますが、鳥の群れが飛んでいる様子を非常に簡単なルールで再現してみせたのが**ボイド**です。ボイドは、1987年にクレイグ・レイノルズによって作り出された、コンピュータ空間上を自由に、自分の考えで飛び回る鳥の群れのシミュレーションです。なお、「boid」とは、bird-oid（鳥もどき）の短縮形です。

　レイノルズはボイドの鳥たちに次のようなルールを与えました。

- **ルール1**：近くの鳥たちと飛ぶスピードや方向を合わせようとすること
- **ルール2**：鳥たちが多くいるほうへ向かって飛ぶこと
- **ルール3**：近くの鳥や物体に近づきすぎたら、ぶつからないように離れること

　この3つのルールに従って鳥たちのベクトル（進行方向とスピード）を算出し、鳥たちを移動させます。ボイドの鳥たちは、たったこれだけのルールで、実際の鳥の群れのように非常に自然な飛び方をしました。

　上記の3つのルール以外にも、ボイドをより本物の鳥に近づけるようないくつかのアイデアが提案されています。たとえば、ボイドに「視野」というパラメータを加え、全方角の仲間を見渡せる

第11章 生物を模倣する人工知能

ボイド

個体、前方の仲間しか見えない個体など、鳥たちに個性を与えるというアイデアです。あるいは、スピードや旋回能力といった飛行能力を個別に設定してやると、集団としての振る舞いはより複雑かつ自然になります。

実際の鳥の群れがこのようなルールを採用しているかどうかはわかりません。しかし驚くべきことに、こうした単純なルールの組み合わせでも、一見複雑きわまりないと思える振る舞いがうまく表現できるのです。このような、単純なルールで集団を扱う手法は**群行動生成アルゴリズム**と呼ばれ、ゲームやCGの世界で重宝されています。

サイバネティクス

サイバテネイクスとは、人工知能が外界と自分との関係性を監視しながら、自らの制御を行うことを言います。たとえば、レーザーを目標に当てるという問題を考えます。人工知能は目標と現時点の到達点との差を観測し、その差を埋めるように制御していきます。これを**フィードバック制御**と言います。ドローンがある目標点に着陸しようするときに、目標点への直線と自分の降下方向との差を取りつつ降下する、というのもフィードバック制御の一例です。

このように、サイバネティクスとは、生物が環境との関係において自らを柔軟に変化させる特性を、機械知性にも取り入れようとする方針のことです。1947年に米国の数学者ノーバート・ウィーナーによって提唱されました。ウィーナーはその後もサイバネティクスの研究を進めて、新しい概念を打ち立てていきました。

第11章 生物を模倣する人工知能

サイバネティクス

画像認識

人間の視覚による認識のように、外界からの画像信号から認識を形成する技術を**画像認識**と言います。たとえば、監視カメラやロボットの視覚から得られる入力画像に映っている対象を同定するのに使われます。自動車の流れや工場内のものの流れを動的に監視することにも使われます。医療への応用では、レントゲン写真から病名を突き止めることに役立ちます。

群知能

群知能(「ぐんちのう」とも「むれちのう」とも読みます)とは、集団として発揮される知的能力のことを言います。たとえば、個々のアリは単純な作業しかしていないとしても全体として複雑なアリの巣が形成されるとしたら、アリの集団が知能を発揮したと見なせます。あるいは、イワシのような小魚が群れを成すことで捕食動物に対抗するというのも、生物界で見られる群知能です。群知能は、個体には現れない知能の形を表出することもあり、非常に興味深いテーマです。

群知能にはさまざまな段階があります。

1. 複数の個体が集まって1つの大きな個体であるかのように振る舞う原初的な段階。カツオノエボシなど。
2. フェロモンやダンスによる簡単な伝達能力を使って集団としての規律ある行動を形成する段階。アリやハチなど。
3. 言語による複雑なコミュニケーションを行い、群れとして助け合う強さを身に着ける段階。人間に特有。

群知能

第 12 章

人工知能の哲学的問題

人工知能と自然知能

　人間の持つ知能を**自然知能**と言い、自然知能が作り出す知能を**人工知能**と呼びます。知能とは「知的な能力」のことであり、知能を持つ存在を**知性**と呼びます。

　人工知能にはさまざまな分類がありますが、一つの大きな分け方として、単機能的か汎用的かというものがあります。単機能的な人工知能は問題特化型で、「将棋を指す」「翻訳する」など、与えられた問題を解くことを目的とします。これに対して汎用的な人工知能は、人工知能を自然知能により近づけようとする試みです。あらゆるボードゲームをプレイできる人工知能など、包括的な知能を持つものを言います。

　単機能的な人工知能についてはこの半世紀でたくさんの研究と成果が得られましたが、汎用的な人工知能については、難易度が非常に高く、実現を疑問視する研究者さえいます

　人工知能のもう一つの主要な分類は、その人工知能が身体を持っているか否かです。単機能の人工知能は身体を持っていない場合がほとんどです。一方で人工知能が身体を持つということは、身体が環境と引き起こすさまざまな問題を知能が引き受けることを意味します。そこでは知能、身体、環境の三者のインタラクション（相互作用）が引き起こされるため、総合的な知能が必要となります。

第12章　人工知能の哲学的問題

人工知能と自然知能

シンボリズムとコネクショニズム

　人工知能には2つの流れがあります。一つは、記号（シンボル）と規則によって知能を作ろうとするもので、**シンボリズム**と言います。**ダートマス会議**（P.34）のテーマの多くは、記号言語を操る人間の思考・推論能力を機械に模倣させようというものでした。

　もう一つの流れは、1950年代から台頭した、数値シミュレーションによって脳の神経回路を模倣する**ニューラルネットワーク**で知能を実現しようとするもので、これを**コネクショニズム**と言います。コネクショニズムは記号を介さず、数値入力、神経回路演算、数値出力から成ります。記号を扱うことを得意とはしませんが、画像、映像、音声など、記号に還元できない数値データの認識と分類を得意とします。

チューリングテスト

　チューリングテストとは、アラン・チューリングによって導入された人工知能の能力のテストです。基本的には、相手が人間か人工知能かわからない状態で人間にインタラクションさせて、その相手が人工知能か人間かを判定させます。つまり、その人工知能がどれくらい人間と間違われるかを測定します。このテストを高い確率でクリアした人工知能は「チューリングテストを合格した人工知能」と称されます。当初想定されていたのは、テキストチャットにおけるチューリングテストでした。つまり、相手の見えない部屋の端末でチャットをして、どれくらい人間と間違われるかをテストしました。

　近年ではデジタルゲームの分野において、このテストを利用し

第 12 章　人工知能の哲学的問題

シンボリズムとコネクショニズム

【シンボリズム】

もし　体温　＞　38℃　　　　　なら　風邪かも（70％）
もし　鼻水が止まらない　　　　なら　風邪かも（90％）
もし　体がだるい　　　　　　　なら　風邪かも（50％）
もし　カレーが無性に食べたい　なら　風邪かも（20％）
　　　……

【コネクショニズム】

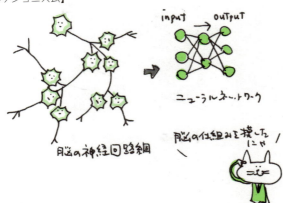

たコンテストがあります（2K BotPrize）。複数人で戦うオンライン対戦ゲームに、正体を隠したまま、人工知能が操作するキャラクターを混在させます。その中で、人工知能が操作するキャラクターがどれくらい人間に間違われたかを測定します。

　チューリングテストは一つの基準であり、これをパスしたからといって人間と同等というわけではありません。それでも、人間と人工知能の境界を探求する指標として有効です。

チューリングテスト

第12章 人工知能の哲学的問題

フレーム問題

現代の人工知能の最も大きな問題は、基本的に与えられた問題を解くこと以外できないということです。つまり、一定の枠（フレーム）の中でしか思考できないということです。これを**フレーム問題**と言います。

フレーム問題

フレームというのは具体的には、対象と操作を規定する、知識の形と書き換えの方法を規定するなど、人工知能の行動を制限された世界に閉じ込めることです。すべての人工知能は、人間が与えたフレームの中で活動します。人工知能は、フレーム内で規定されている以外のこと、すなわち想定外のことには対応できません。人工知能が自分自身でフレームを設定することもできません。無限の自由度を持つ現実から有限の問題を切り出す能力は人間固有のものであり、少なくとも今のところ、人工知能のものではありません。

心身問題、心脳問題

心を、物理的な身体、物理的な脳の機能に還元できるという考え方がある一方で、心は、魂のような、物理的身体とは違うものに起源を持つという考え方があります。この身体（もしくは脳）と心の関係にまつわる問題を**心身問題**（もしくは**心脳問題**）と言います。

古くはデカルトの心身二元論に関連すると言われ、身体と精神を2つに分けて議論を展開したところから、物理的世界と精神的世界の探求の異方性が生じました。物理的世界は自然科学の領域ですが、ここでは機械論的な世界観が成功を収めました。そこで、心もまた機械論の場合と同様に還元主義的に解明できるのではないか、と考えられました。しかし、そこには、自然科学では対応できない問題があります。知能は物質であると同時に、物質ではありません。脳の細胞の分子が入れ替わっても知能は依然として知能として存在します。つまり意識には持続性があり、我々が体験している知的活動や意識を対象とすることは、現在の

第12章 人工知能の哲学的問題

自然科学の手には負えないのです。精神的世界の解明は道半ばです。人工知能は科学の領域に属すると同時に、精神世界にも属し、心身問題・心脳問題と深い関連を持ちます。

心身問題、心脳問題

強いAI、弱いAI

「強い」「弱い」というのは、人工知能に何ができるのかという哲学的批判から出てきた言葉であり、議論が重ねられています。

弱いAIというのは、人工知能は知能があるように振る舞うことができるだけだとする立場に立った表現です。一方、**強いAI**というのは、人工知能は本当に考えることができるとする立場に立った表現です。これらの表現は、人工知能の能力を評価するものではありません。人工知能の出来・不出来を判定する基準ではなく、人工知能についてどう考えるかという立場を表明するものです。

シンボルグラウンディング問題

多くの人工知能は基本的に記号（シンボル）を使って思考します。**ニューラルネットワーク**（P.85）のように数値的シミュレーションによってパターンを認識する手法もありますが、何らかの記号を通じて理解するのが普通です。**シンボルグラウンディング問題**（**記号接地問題**）とは、人工知能が用いる記号が現実、あるいは現実に存在する対象に対応しているかという問題です。

我々人間は、記号が指し示す領域を巧みに拡張しながら記号を使用します。ところが人工知能が記号を用いる場合には、その意味と効力が、**フレーム**（P.177）あるいは**知識表現**（P.150）の中であらかじめ定義されている必要があります。人工知能が学習能力を持っていたとしても、あらかじめ定義された記号の意味・効力が変化することはありません。

第12章 人工知能の哲学的問題

強いAI、弱いAI

シンボルグラウンディング問題

中国語の部屋

中国語の部屋というのは、哲学者のジョージ・サールが人工知能を批判するときに使った思考実験です。特に中国語でなくてもよかったのですが、「理解できないものの親近感のある言葉」ということで中国語が選ばれています。

ある部屋に一人の作業員を置いておきます。彼の仕事は、外からやってくる記号列を、マニュアルに従って新しい記号列に変換し、再び外に出す、というものです。外からくるものを質問文として、返すものを回答とすれば、会話を成立させられます。この一連の作業によって、作業員が入力記号列に対して何も理解していなくても会話ができたことになります。つまり、何も理解していない者が知能を持つと見なされることになります。

これを人工知能の専門家が聞くと、「これと同じでどんな複雑な人工知能も削ぎ落としていけば本質はこの作業員のようなもので、世界からの入力を変換して出力としているだけではないか」

第12章 人工知能の哲学的問題

中国語の部屋

という批判のように受け取れます。実際、人工知能にはそういう部分もあり、人工知能の持つ「集めた情報を変換する操作」は砕いていくと「対象（記号列）に対する操作」に還元できます。しかしこれは、「生物が分子からできている」と言うのと同じで、何千、何万という操作の組み合わせは操作以上の何かになっているはずです。

　このように、中国語の部屋の指摘は部分的には鋭いですが、反論の余地があり、さまざまに批判可能です。とは言え中国語の部屋は人工知能の持つある種の無機的な欠点を明確に突いており、その批判は成功したと言えるでしょう。

第13章

人工知能が用いる数学

最急降下法

最急降下法は、**ニューラルネットワーク**（P.85）の逆伝搬法による学習で用いられる収束アルゴリズムです。与えられた関数の解を、有限のステップで近似するために用いられます。

一番簡単な一変数関数の場合で解説すると、関数上の任意の1点から始めて、そこに接線を引きます。その接線がX軸と交わる点のX座標として関数上の1点を見つけます。さらにここから、先と同じように「接線を引く」という処理を繰り返すと、この関数の解に近づいていきます。初期値によっては解がなかなか収束しないこともあります。また、収束が保証されるわけではありません。パーセプトロン型ニューラルネットワークの逆伝搬法が収束するのは、この最急降下法がより一般的な多変数で成り立つからです。

この最急降下法は別の面から見ると、どの初期値から始まるかで収束する解が定まります。これを複素関数で行うと、複素平面の任意の点がその複素関数のどの解に収束するかが決まります。どの解に収束するかで色分けするとフラクタル図形が現れます。たとえば、$Z^3 = 1$ のような簡単な関数にさえフラクタルが現れます。最急降下法は、カオスの初期値鋭敏性を持っているとも言えます。

第13章 人工知能が用いる数学

最急降下法

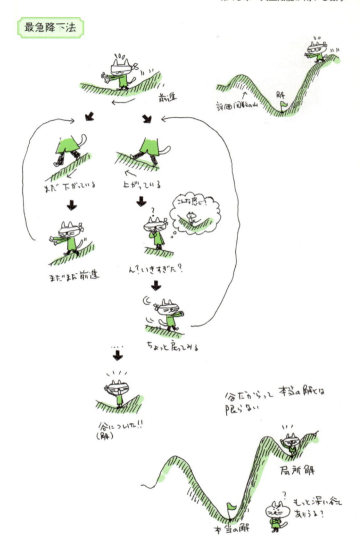

局所解

局所解（ローカル・ミニマム）はもともと数学の概念で、方程式の解のうちの1つに陥って（収束して）しまうことを言います。**局所最小解**とは、その解の近傍でのみ最小値を取る点のことであり、大局的な最小解ではないものを言います。

ソフトウェア上で方程式を解く場合には有限のステップで解に近づいていきますが、これが局所最小解に至ってストップしてしまうという現象があります。これを「局所最小解に陥る」という言い方をします。これは、真の解にたどり着けず、局所の解で終わってしまった、というネガティブな表現です。日常生活でも比喩的に使われることがあり、「君のアイデアはローカル・ミニマムに陥っているね」というのは、「狭い視野でしか考えていない」という批判になります。

ファジー理論

我々はふだん、高い、暑い、多い、重いというように「量」について言及しますが、必ずしも数値的に厳密な量を述べているわけではなく、曖昧に述べているにすぎません。こうした曖昧な（ファジーな）量を数理的に扱うには、ある数値以上、ある数値以下というように区切って考えるのも一つの方法です。しかし**ファジー理論**は、「曖昧さを残したまま数理的な表現を使いたい」という要求に応えます。

ファジー理論では、これ以上なら間違いなく背が高いだろうという値と、これ以下なら間違いなく背が低いだろうという値を設定します。たとえば、180cm以上なら間違いなく背が高い、

第13章 人工知能が用いる数学

局所解

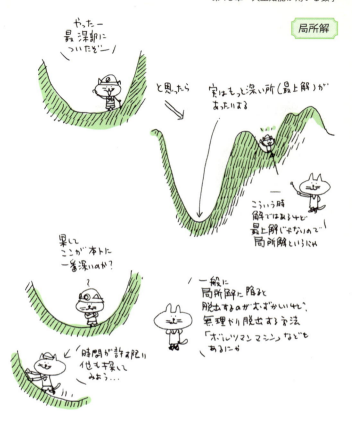

150cm以下なら間違いなく背が低いとしてみましょう。こうしたとき、身長180cm(以上)の人は「背が高い度合い1」、身長150cm(以下)の人は「背が高い度合い0」と表現されます。そして、身長170cmの人は「背が高い度合い0.7」、身長160cmの人は「背が高い度合い0.3」というように表現されます。このように、すべての身長を「背が高い度合い0〜1」で表現します。こうした表現

ファジー理論

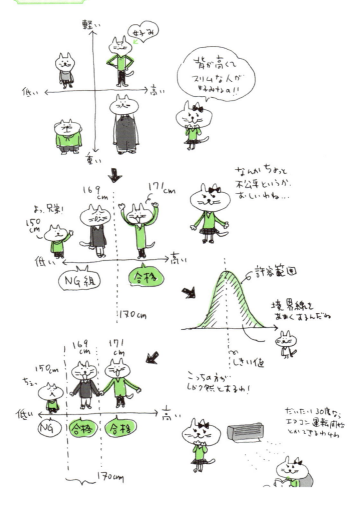

をとることによって、180cmの人と179cmの人が、たった1cm違いなのに高い、低いと分かれてしまうような不条理な断絶が回避できます。

昨今のエアコンには「ファジー機能」と呼ばれるものが搭載されていますが、これは、「ちょっと暑い」とか「かなり寒い」といった曖昧な感覚に対応できることを意味しています。

カオス

ひところ、カオス、フラクタル、f分の1ノイズ、ファジーといった言葉が、家電製品などのセールストークに使われました。

カオスという言葉は、ギリシャ語のkhaosが元になっていますが、現在では、Chaos（ケイオス、混沌という意味）という表記が一般的です。一般的なカオスの定義は次のようになります。

> あるシステムの、ある時点での状態（＝初期値）が決まれば、その後の状態は原理的にすべて決定される、という決定論的法則に従っているにもかかわらず、非常に複雑で不規則かつ不安定な振る舞いをして遠い将来における状態の予測が不可能な現象

ざっくり言えば、「理論的には計算可能であるのに、実際のところ未来にどういう値になるのかうまく予想できない現象」ということになります。

1961年、気象学者エドワード・ローレンツは、天気を予測するための方程式を打ち立てて2回計算しました。しかしまったく違う答えになってしまいました。原因を調べたところ、最初の計算では小数点以下6桁の初期値を与えていたのに、2回目の計算（検算）では小数点以下3桁の初期値を与えたことが原因だとわかり

ました。カオスの存在が知られていなかった当時、小数点以下6桁のデータを3桁にしても、計算結果にはあまり影響はないだろうと考えられていました。ところがこの微小な差が計算結果に大きな差を生み出したのです。

　ごく小さな違いが大きな違いを生むというこの現象は**バタフライ効果**と呼ばれ、次のように説明されます。

> ブラジルで蝶が羽ばたくと、その周りの空気が揺れ、蝶が熱を発する。これはとても微々たる量だが、大気にわずかながらも影響を与える。その影響の連鎖はやがて気象にも影響を及ぼし、ついには数週間後、遠く離れたアメリカのテキサスに竜巻を起こす。

こういったカオス的な現象は、物理学や数学の世界でだけ起こるわけではありません。我々の身体の心拍数、脳波、呼吸、それに何かを覚えようとするときのニューロンの興奮にも、カオス的な振る舞い（＝リズムがちょっとずれたりする）があることがわかってきています。病気のときは、このカオス的な振る舞いがなくなって、呼吸その他が規則的なリズムを刻み出すという説もあります。つまり、「正常である＝カオス的に揺らいでいる」というのが我々生き物のあり方のようです。突拍子もない考えとか、ひらめきといったものも、このカオス的なゆらぎの最終的な効果として生まれてくるのかもしれません。

第13章　人工知能が用いる数学

カオス

遠く離れた蝶々のはばたきが
天候に影響を与える

終章

人工知能にできること、できないこと

「人工知能によって職業はなくなるのか？」という議論があります。これは人工知能への不安を表したものです。また「人工知能によって社会がどう変わっていくのか？」という議論もあります。残念ながら、人工知能の専門家は社会学の専門家ではないし、社会学の専門家は人工知能の専門家ではないので、誰もその不安を完全に取り除くことはできません。

　でも職業というのは、人工知能がなくても、社会とともに変わってゆくものですから、それを人工知能だけに押し付けていると他のものに足元をすくわれかねません。確かに、今後、人工知能が主要な要因の一つになることは確かです。しかし、そんなに早く社会が変わってゆくわけもなく、また、そもそも人工知能の技術的進化がそんなに速いわけでもなく、また進化は連続的なものでもありません。

　ニューラルネットワークは20世紀前半の研究によって形成され、その一種のディープラーニングの原型は1979年のネオコグニトロンであり、その学習法であるオートエンコーダーは2006年に発表されました。そしてさらに世の中に広がるまで10年を要しました。

　この章では、人工知能がこれまでどんな流れを作り出し、その流れがこれからどんなふうに社会を変えようとしているかを、説明したいと思います。

　1. 人工知能から世界を眺める
　2. 人工知能はブームを繰り返す
　3. 情報化の次の知能化社会
　4. 職業と人工知能

1. 人工知能から世界を眺める

　今、人工知能という概念から世界を眺めると、とても遠くまで

終章　人工知能にできること、できないこと

見通しよく見えます。その序列には、人工知能そのものもありますが、かつてはそうは言っていなかったものもあります。データマイニングも、ビッグデータも、自動運転も、人工知能という文脈の外にあったものも、今は人工知能の流れの一部として語られるようになりました。実際、そう捉えたほうがわかりやすくなっています。これがまさに時代というものです。人工知能は実体というよりも、一つの方向性を指す言葉になっています。

2. 人工知能はブームを繰り返す

　人工知能は過去に何度かブームがありました。しかし、ブームと言っても、国や時代によって温度や広がり方が違います。1960年代の第1次ブームは人工知能の黎明期のことであり、その誕生の勢いによる研究者のコミュニティを中心とするものでした。第2次の1980年代のブームはコンピュータの普及に伴う社会的背景の上に未来志向的な社会のムードも重なり、人工知能に脚光が当たりました。しかし今からは想像し難いかもしれませんが、当時、「人工知能」という言葉はまだ「いかがわしさ」を持っていたことを忘れてはなりません。アカデミックなものとして完全に受け入れられた分野ではありませんでしたし、結果、過剰な期待は失望と怒りに変わり、あやしげなものはやはりあやしげなものであったという結論とともに、人工知能は冬の時代を迎えるのです。日本に人工知能学会ができたのはようやく1986年のことです。2010年代の第3次のブームでは、インターネットで蓄積された巨大なデータ群を母体として人工知能が発展します。これこそが1980年代にはなかったものです。2000年以降の人工知能研究は膨大な文字データの解析やデータマイニングの処理に重心があり、現在のブームを支える記号以外の画像データや波形データの

ニューラルネットワークによる学習は主流ではありませんでした。それが一躍時代の中心に躍り出たところに、人工知能の研究者の複雑な思いがあります。

しかし、より大きな視点で見れば、人工知能がなぜブームになりやすいか、そして、それが何度も繰り返されるのはなぜかという理由のほうが重要です。なぜなら、これからもまた、人工知能のブームは繰り返されるからです。

ブームを繰り返す理由として、人工知能の広範さと基礎の脆弱さがあります。まず広範さです。人工知能が捉える分野は広く、人間に関するあらゆるサイエンス、知能に関係するエンジニアリング、そして哲学を含みます。そうすると先に述べたように、あらゆるものが人工知能に見えてきます。1980年代の第5世代コンピュータには、コンピュータのオペレーションシステムを人工知能化するというビジョンが含まれていました。人工知能には他の分野を吸引する力があるのです。

次に基礎の脆弱さです。その広がりにもかかわらず、人工知能を定義することは極めて難しいことです。10人の研究者がいれば10個の異なる定義がなされるでしょう。これは知能という多様で捉えどころのない対象を研究し、構築しようとするこの分野の著しい特徴です。ですから議論をするたびに、定義を変えて、悪く言えば都合の良い議論、良く言えば柔軟な議論が展開可能なのです。そもそもディープラーニングのようなニューラルネットワークと、IBM Watsonのような記号に基づく知識ベースの人工知能は、同じ人工知能と言っても、その展開や能力の方向に対照的なものがあります。

しかし、この汲めども尽きない曖昧さが、人工知能の魅力の一つであり、社会に広がりやすい柔軟さともなっています。

終章　人工知能にできること、できないこと

3．情報化の次の知能化社会

　今、少し視野を広げて、人工知能にまつわる世の中の大きな流れをつかんでみましょう。それはきっとこれからの意思決定に役立つはずです。

　1980年代の人工知能になくて、現在の人工知能にあるもの、それは何でしょうか？　4つあります。高性能のコンピュータ、それらを繋げるインターネット、そしてその上に蓄積されるビッグデータ、最後にコンピュータを拡張してゆく現実に設置されたセンサー群です。これらが巧みに組み合わされながら、現在の様相を作っています。

　まず起点となるのは、データセンターや各企業内に置かれているサーバー群です。サーバーというのは、とても高性能のパソコンのようなものですが、オンラインゲームや商品サイトなどのサービスを利用するときにアクセスするところです。

　そこに携帯電話やパソコンからたくさんのユーザーが接続して情報を残していきます。購入しなくても、クリックした履歴などが残ります。それが大規模なデータとして残っていきます。そのデータの海が人工知能を育てる母体となります。人工知能はインターネット上を駆け巡りながら、データの海から学習していきます。我々が使う検索エンジンも人工知能の一種です。検索エンジンは、Webエージェントがインターネットを通じて集めたデータ群から、ユーザーの求めるデータを探し出します。我々は検索エンジンの助けを借りてインターネットを旅します。検索エンジンの助けなしには、データの海は深く、進むことはできません。デジタル空間においては人間よりも人工知能のほうが優秀です。検索エンジンは瞬時に必要なデータをデータベースから引き出してくれます。

我々に人工知能の船に乗ってインターネット空間を旅しているのです。この20年間は、インターネット上の人工知能が模索された時代でした。そして、これからもますます蓄積されてゆくデータの混沌の海を、より強力な検索能力と、より抽象的な情報や概念を扱える検索能力を兼ね備えた人工知能に乗って旅を続けるでしょう。

しかし現実空間となると、この関係は逆転します。現実空間における王様は人間です。現実空間において人工知能はあまりにも非力です。たとえば、お掃除ロボットを動かすためには、あらかじめ部屋をある程度片づけておく必要があります。もちろん、その後はお掃除ロボットの本領発揮で、いつまでも丁寧に掃除を続けてくれます。ロボットと人工知能は箱庭の中、設定されたフレームの中では絶大な力を持ちます。しかし現実は常にノイズとイレギュラーの多い環境です。そこでは人工知能がある程度の柔軟さを持つことさえ難しいでしょう。ですから「知能化社会」の最初の段階とは、人間が設定した問題を人工知能が担当する社会になるでしょう。砕けた言い方をすれば、人工知能のためにお膳立てをした後に、人工知能へ任せるという社会になります。ちょうど20年前のコンピュータがそうであったように、いろいろな不具合を通じて我々が人工知能を社会に溶け込ませ育てていくことになります。その次に、より洗練された形で、人間が人工知能と融和するような社会がくるでしょう。

4．職業と人工知能

知能化社会、人工知能が導入される社会の最初の段階では、まず我々が人工知能の活躍する場を整備してあげる必要があると前項で説明しました。それはちょうど、コンピュータが導入さ

れたばかりのころは、コンピュータをうまく活用する方法をいろいろと考えたあげく、サービスが展開されていったのと似ています。

　人工知能が勝手に社会に導入されていくことはありません。そのお膳立てを我々がしてやらねばなりません。言うなれば、ほとんどの人工知能は「頑固な専門家」です。与えられた問題の枠の中では、おそるべき優秀さで休まず作業しますが、それとよく似たちょっと違うことでさえ、興味どころか、指一本動かしてくれません。人工知能には人間のような比喩（メタファー）の能力がないのです。人間の脳は有限ですが、比喩の能力によって物事の類似性を捉え、一つの問題のソリューションを、他の問題に広げていきます。部屋の掃除ができる人は仕事の片づけ方もうまいですし、料理が得意な人は化学実験も得意かもしれません。しかし、人工知能は病的なほど、一つの問題に憑りつかれてしまうのです。

　では、人間の職業が人工知能に取り替わるかと言えば、その答えはノーと言わざるをえません。なぜなら、単一の作業だけで済む職業は世の中にはそんなにないからです。そういう仕事はすでにロボットなどに置き換わっています。

　いや、お掃除ロボットで清掃の仕事がなくなるのではないか、と言われるかもしれません。確かに「清掃」だけならそうでしょう。しかし、今、公園を掃除するロボット群を考えてみましょう。その日はたまたま前日の風で看板が広場に落ちていました。お掃除ロボットはそのような状況に対応できず引っ掛かってしまいます。そこで人間がどけます。そして、今度からそんなことがないように人工知能はアップデートされ、看板を避けて掃除できるようになります。ところが、次の週には巨大な穴が広場に空いてい

終章　人工知能にできること、できないこと

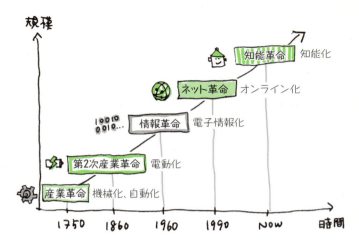

ます。子供たちが遊びで穴を作ってしまったのです。ロボットたちは器用に一体残らずその穴に落ち、足を取られ動けなくなります。その様子は写真に撮られてSNSにアップされ、話題になることでしょう。さらに穴問題に対応するため人工知能がアップデートされ、穴ができたらそれを埋めるようなプログラムが書かれます。ところが、次の週には、台風で公園が水浸しになってロボットたちは感電し……と考えると、人工知能は現実に生起する無限の問題といたちごっこなのです。それでもやがてほとんどの問題に対応できるようになるでしょう。それは人工知能を開発する会社の資産になります。公園をお掃除するロボットを作る会社は、その分野の問題を解決した人工知能のエキスパートになり世の中に貢献するのです。でも当分は人間の管理者が必要で、ロボットたちがきちんと仕事ができるように面倒を見なければなりません。

　他の職業にもまったく同じことが言えます。接客業のロボット

はいろいろな客に対応できるようになるまで時間がかかります。お医者さんの代わりに診断をロボットができるかと言えば、検査はできても、最初の問診によって問題を絞っていくことが苦手です。弁護士に人工知能というアイデアもありますが、そもそも依頼人の要件を整理する能力がありません。依頼人が人工知能の提供するフォームに沿って入力してくれれば良いですが、話が行ったり来たりしながら話すのが人間というものです。とすると、弁護士事務所で人工知能を動かすには、まず人間の弁護士が依頼人の要件を決められたフォームで整理した後に、よく似た範例を探してもらうために使う、という物知り博士的に使うのが良いでしょう。法廷でもやはり人工知能は今のところ無力です。なぜなら、人工知能にとって一番苦手なのは話の流れを読むことだからです。ですから弁護は人間に任せる必要があります。

人工知能は当面は、コンピュータが生活に入ってきた延長と捉えるのが良いでしょう。コンピュータは20年をかけて便利なツールになりました。その次には、その延長として人工知能がより生活を便利にしてくれます。でもコンピュータがそうであるように、人工知能も、人間が使いどころをわきまえないといけません。

そして最初の問いに戻ります。「人工知能によって職業はなくなるのか？」という問いに答えるならば、「一つの職業の中で、その仕事の内訳の何割かが人工知能に取って変わられることになる。しかし職業そのものは急にはなくならない」と言えます。そして、この変化は、コンピュータの導入のときにも体験していることなのです。**まず自分の仕事を細かく分解してリストにしてみましょう。そして、そのどれが人工知能に任せられるかを考えてみましょう。すると、自分の仕事の何割が人工知能に置き換わっていくかが見えてくるでしょう。**

終章　人工知能にできること、できないこと

まとめ

　我々が人工知能に対してセンシティブになるのは、我々にとって知能が何よりのアイデンティティであるからです。我々は、他の生物と我々を分かつのは知能の形であると思っています。人間同士であっても、他人と自分を分かつのは知能の形であると思っています。その領域に人工知能が入ってくることに、人は不安を禁じ得ません。それはこの数千年で初めての侵入者なのです。そうであるからこそ、これは我々人間自身が変わるチャンスでもあるのです。

　知能化社会の最初の段階を超えて、やがて我々が人工知能という知性と協調する時代がくるでしょう。そのとき、一つの職業とは、人工知能と人間とが協調して成立するものになるでしょう。そのときを「シンギュラリティ」と呼ぶのでした。それはゆっくりとやってくるのです

　それは決して、人工知能が人間を超えるポイントを指す言葉ではありません。もしそうであるとすれば、とっくの昔に人間は、電卓に計算能力で負け、車に走行能力で負け、データベースに語彙力で負けています。寂しいことですが、人工知能と人間はそんなに近くないのです。同じ競技のトラックを並行して走るライバルではありません。むしろ、協調して新しい競技を作るパートナーなのです。時代が進み、やがてお互いの違いが明らかになるでしょう。そのとき、我々自身が、人工知能を補完する最後の存在であることを知るでしょう。

索引

英字

AlphaGo ... 53, 57, 70, 117
Crazy Stone ... 126
DQN ... 78
GOAP ... 157
GPU ... 53
HTN ... 160
IBM Watson ... 68, 131
ITS ... 41
LDA ... 148
Logic Theorist ... 36
MCTS ... 126
Qラーニング ... 78
STRIPS ... 157
UCB ... 126

あ行

意思決定アルゴリズム ... 155
遺伝的アルゴリズム ... 61
意味解析 ... 151
意味ネットワーク ... 146
エージェント ... 130
エージェント・シミュレーション ... 66
エージェント指向 ... 130
エキスパートシステム ... 49, 73, 131
オートエンコーダー ... 52
オントロジー ... 144

か

階層型ゴール指向プランニング ... 157
階層型タスクネットワーク ... 160
カオス ... 191
確率過程 ... 107
隠れマルコフ過程 ... 109
隠れマルコフモデル ... 109
画像認識 ... 167
完全情報ゲーム ... 70, 115, 121

き

機械学習 ... 55
記号接地問題 ... 180
技術的特異点 ... 32
強化学習 ... 58, 72
教師あり学習 ... 56, 58
教師信号 ... 58, 85
教師なし学習 ... 56, 58
協調フィルタリング ... 96
局所解 ... 188
局所最小解 ... 188

く

組み合わせ爆発 ... 62
クラウド ... 103
群行動生成アルゴリズム ... 166
群知能 ... 169

け

形式論理 ... 49
形態素解析 ... 151
経路検索 ... 117
ケースベース ... 160
ケースベースドラーニング ... 160
ゲームAI ... 114
ゲームツリー ... 115
ゲーム理論 ... 122, 124
検索アルゴリズム ... 99, 101

こ

高度道路交通システム ... 41
構文解析 ... 151
効用 ... 159
コーパス ... 68, 140, 151

ゴール指向アクションプランニング ... 157
ゴールファースト ... 157
ゴールベース ... 157
古典的AI ... 48
コネクショニズム ... 49, 86, 174
コンボリューショナルニューラルネットワーク ... 53

さ

最急降下法 ... 186
サイバネティクス ... 166
最良優先探索 ... 101
サブサンプション・アーキテクチャ ... 134

し

シグモイド関数 ... 91
思考の算術化 ... 36
事後確率 ... 110
自然言語処理 ... 151
自然知能 ... 172
自動会話システム ... 140
自動走行 ... 40, 46
シミュレーションベース ... 160
社会的脳 ... 43
収穫加速の法則 ... 33
囚人のジレンマ ... 124
条件付き確率 ... 110
自律型人工知能 ... 155
進化アルゴリズム ... 64
シンギュラリティ ... 32
人工生命 ... 64
人工知能 ... 34, 172
人工無能 ... 142
人工無脳 ... 142
心身問題 ... 178
深層学習 ... 52

心脳問題	178
シンボリズム	86, 174
シンボルグラウンディング問題	49, 180
人狼知能	115, 119

す

ステート	156
ステートベース	156
ステートマシン	156
スパース・コーディング	105
スパース・モデリング	105
スマートシティ	42

せ、そ

生成文法	152
セマンティック	146
セマンティック・ネットワーク	146
セマンティックWeb	146
セマンティック検索	75
潜在的ディリクレ配分法	148
全脳アーキテクチャ	38
相関の強いデータ	97
ソーシャルブレイン	43

た

ダートマス会議	34
タスク	159
タスクベース	159
畳み込みニューラルネットワーク	53
探索エンジン	75

ち

知識指向	131
知識表現	75, 101, 131, 150
知性	172
中国語の部屋	182

チューリングテスト	174

つ、て

強いAI	180
ディープQネットワーク	78
ディープラーニング	49, 52, 70
データマイニング	94

な行

ニューラルネットワーク	49, 52, 72, 85, 88, 174
ニューロン	52
ネオコグニトロン	49, 53, 81

は

パーセプトロン	49, 81, 88
バタフライ効果	192
幅優先探索	101
反射型AI	154

ひ

非反射型AI	154
ビヘイビア	156
ビヘイビアツリー	157
ビヘイビアベース	156

ふ

ファジー理論	188
フィードバック制御	166
深さ優先探索	101
不完全情報ゲーム	117, 119, 121
フレーム問題	49, 177
フレームレート	117
プロシージャル技術	119
分散人工知能	105, 132

へ

ベイジアンネットワーク	110

ベイズの定理	110
ヘッブ則	88, 90

ほ

ボイド	44, 164
包含アーキテクチャ	134
報酬	58
包摂アーキテクチャ	134
ボナンザ法	117
ポリシー関数	72

ま行

マルコフ過程	108
マルコフ性	108
マルコフモデル	107
マルチエージェント	44, 130, 132, 136
ミラーニューロン	83
群行動生成アルゴリズム	166
群知能	169
メタAI	119
モンテカルロ・シミュレーション	126
モンテカルロ木探索	72, 117, 126, 160

や行

ユーティリティ	159
ユーティリティベース	159
弱いAI	86, 180

ら行

ライフゲーム	66
ルールセレクター	156
ルールベース	155
連鎖プランニング	157
ローカル・ミニマム	188
ロボット三原則	47

サイエンス・アイ新書
SIS-363

http://sciencei.sbcr.jp/

絵でわかる人工知能
明日使いたくなるキーワード68

2016年 9月25日　初版第1刷発行
2016年10月15日　初版第2刷発行

著　者　三宅陽一郎・森川幸人
発行者　小川 淳
発行所　SBクリエイティブ株式会社
　　　　〒106-0032　東京都港区六本木2-4-5
　　　　電話：03-5549-1201（営業部）
組　版　編集マッハ
装　丁　渡辺縁
イラスト　森川幸人
印刷・製本　図書印刷株式会社

乱丁・落丁本が万が一ございましたら、小社営業部まで着払いにてご送付ください。送料小社負担にてお取り替えいたします。本書の内容の一部あるいは全部を無断で複写（コピー）することは、かたくお断りいたします。本書の内容に関するご質問等は、小社科学書籍編集部まで必ず書面にてご連絡いただきますようお願いいたします。

©2016 Printed in Japan　ISBN 978-4-7973-7026-3

SB Creative